统计过程控制连续抽样检验动态优化

李春芝 著

西北工业大学出版社

西安

【内容简介】 本书以受控过程下连续抽样检验优化为目标,阐述了两类优化方法。在分析受控过程控制需求的基础上,确定受控过程能力表达方法。对连续抽样检验进行性能分析,基于性能曲线特征建立受控过程质量控制最优方案。给出受控过程下,四类连续抽样检验方案的最优方案参数计算公式。为满足过程控制中的成本控制需求,建立同时满足质量、成本和风险约束的最优控制方案,给出最优方案参数计算公式。企业案例证明了优化方案的可行性。

本书提出的两类优化方案,适用于有上下控制标准限的生产过程控制,是企业过程控制的必备手册,亦适合科研工作者和高等学校工科学生阅读参考。

图书在版编目(CIP)数据

统计过程控制连续抽样检验动态优化/李春芝著
. —西安:西北工业大学出版社,2021.4(2022.5 重印)
ISBN 978 - 7 - 5612 - 7444 - 6

Ⅰ.①统… Ⅱ.①李… Ⅲ.①统计控制-过程控制-质量检验-抽样调查-研究 Ⅳ.①O213.9

中国版本图书馆 CIP 数据核字(2021)第 056969 号

TONGJI GUOCHENG KONGZHI LIANXU CHOUYANG JIANYAN DONGTAI YOUHUA
统 计 过 程 控 制 连 续 抽 样 检 验 动 态 优 化

责任编辑:王 静		策划编辑:查秀婷	
责任校对:孙 倩		装帧设计:李 飞	

出版发行:西北工业大学出版社
通信地址:西安市友谊西路 127 号　　　邮编:710072
电　　话:(029)88493844　88491757
网　　址:www.nwpup.com
印　刷　者:西安五星印刷有限公司
开　　本:710 mm×1 000 mm　　　　1/16
印　　张:10.375
字　　数:198 千字
版　　次:2021 年 4 月第 1 版　　　2022 年 5 月第 2 次印刷
定　　价:39.00 元

前　　言

在产品设计完成之后,生产过程成为决定产品质量的关键环节。无论生产过程的自动化程度如何,都必须采取过程质量控制措施,以确保生产过程实现产品设计质量。

过程质量控制方法产生于自动控制技术尚不发达的时代。人工因素影响生产过程的各个环节,引起加工数据经常出现非随机性波动。为应对生产过程较大的非随机波动而设计的过程质量控制方法,具备很强的鲁棒性,同时消耗运行成本。

随着信息技术和控制技术的发展,生产过程实现了全面自动化。自动化生产过程消除了人为因素对加工结果的影响,加工数据的变动呈现随机波动特征,这使得过程能力可用加工数据进行估计。过程质量控制方法如果能结合过程能力制定质量控制方案,必然能降低控制方案运行成本。

基于过程能力估计,本书给出以下两种过程质量控制方案。

(1)基于过程合格品率估计的最优连续抽样检验(Continuous Sampling Plan,CSP)方案。利用加工数据的计量特征估计过程合格品率,建立仅适用于该估计量的成本最低且能满足质量控制需求的最优方案。最优方案对于过程波动具有鲁棒性,即只要过程质量发生波动,无论质量改善或者恶化,都能进行加严控制并保证过程质量合格。

(2)针对检验成本有限的情况,建立基于过程良率估计的集成过程控制方案。集成控制方案能够同时满足质量、成本、第一类风险和第二类风险等约束。

两类优化方案的适用领域不同。第一类优化方案适用于对过程质量的量化控制。生产者一般关注两个阶段的质量,即执行检验方案前和执行检验方案后的过程质量,其量化值分别为过程合格品率估计和平均检出质量。两者的比较即为过程质量改善程度。执行最优检验方案后的过程质量量化表达,对于过程控制具有重大意义。中间工序过程质量的量化表达可用于预测零部件的质量。最终装配工序质量的量化表达可用于预测产成品合格率,进而预测仓储产品合格率。可见,该最优方案能够实现工序、零部件和产成品的质量与数量的关联,用于产品质量预测。

最优方案中的过程能力信息、质量信息和数量信息等,是产品设计人员进行产品设计的重要支持信息,将这些信息及时反馈给设计人员,可支持设计人员实现面向加工的设计。最优方案的质量和数量信息,也需要及时推送给市场人员,以便于市场人员根据产品状况进行市场定位。当需要对产品进行全生命周期优化时,第一类最优方案能够提供信息支持。

第二类优化方案适用于对过程质量量化控制要求不高,而检验能力有限的情况。最大的特点是当检验成本接近企业承受极限时,能够以指定的较高概率中止检验。

自动化生产加工技术不断向高精尖方向发展。最优质量控制方案是与高精尖技术发展匹配的过程质量控制方法,其质量信息和数量信息的统一,也为企业管理质量信息系统与其他信息系统的融合提供了契机。

本书的研究内容是在博士导师同淑荣教授的全力支持和悉心指导下完成的,在此向恩师致谢!为研究内容提供了大力帮助的还有西北工业大学管理学院梁恭谦教授、李乘龙副教授,在此致谢!特别感谢北京农业大学理学院范永亮教授!范永亮教授在连续抽样检验领域做出的卓越研究是本书的研究基石!写作本书参阅了相关文献、资料,在此,谨向其作者深表谢意。

本书得到了国家自然科学基金(项目编号:72061013,71861011),华东交通大学博士启动基金的支持。

谨以此书献给我的父母!

由于水平有限,不足之处在所难免,恳请读者批评指正。

李春芝

2021 年 2 月

缩略词和符号说明

【缩略词说明】

CSP：Continuous Sampling Plan（连续抽样检验）

SPC：Statistical Process Control（统计过程控制）

UMVUE：Uniform Minimum Variance Unbiased Estimation（一致最小方差无偏估计）

AOQ：Average Outgoing Quality（平均检出质量）

AFI：Average Fraction Inspected（长期平均检验数）

AOQL：Average Outgoing Quality Limit（平均检出质量极限）

L(p)：Acceptance Probability（接收概率）

MAOQ：Maximum Allowable Average Outgoing Quality（最大允许平均检出质量）

MAPD：Maximum Allowable Percent Defective（最大允许缺陷率）

EWMA：Exponentially Weighted Moving Average（指数加权移动平均控制图）

CDF：Cumulative Distributed Function（累积分布函数）

【符号说明】

C_p：第一代过程能力指数，其估计量为 $\hat{C}_p$

C_{pk}：第二代过程能力指数，其估计量为 $\hat{C}_{pk}$

C_{pm}：第三代过程能力指数，其估计量为 $\hat{C}_{pm}$

C_{pmk}：第四代过程能力指数，其估计量为 $\hat{C}_{pmk}$

C_{pu} 和 C_{pl}：单侧过程能力指数和的分布函数，其估计量分别为 $\hat{C}_{pu}$ 和 $\hat{C}_{pl}$

S_{pk}：过程良率指数，其估计量为 $\hat{S}_{pk}$

p_c：过程合格品率，其估计量为 $\hat{p}_c$

$\ddot{p}_c$：过程合格品率的观测值

p_c^*：过程合格品率的置信下限

p：过程不合格品率的估计量，其估计量为 $\hat{p}$

S_{pk}^M：多重并行过程的过程良率指标

α：第一类风险

β：第二类风险

i：连续检验阶段的连续合格品数

f：分数检验阶段的检验分数

p_L：$\max(\text{AOQ}) = \text{AOQL}$ 对应的过程不合格品率

μ：过程均值

σ：过程标准差

x：随机变量

$\bar{x}$：样本均值

S：样本方差

USL：上公差限

LSL：下公差限

T：质量指标的目标值

Φ：标准正态分布 $N(0,1)$ 的累积分布函数（CDF）

$\Phi^{-1}(\cdot)$：标准正态分布的逆分布函数

n：样本尺寸

$\overline{X}$：样本均值

$T_{n-2}(\cdot)$：自由度为 $n-2$ 的 t 分布的累积分布函数

$\Gamma(\cdot)$：伽马函数

$i_{\min}$：CSP 边界方案连续检验阶段的连续合格品数

$f_{\min}$：CSP 边界方案分数检验阶段的检验分数

i_o：CSP 最优边界方案连续检验阶段的连续合格品数

f_o：CSP 最优边界方案分数检验阶段的检验分数

AOQ_o：最优 CSP 边界方案的平均检出质量

AFI_o：最优 CSP 边界方案的长期平均检验数

$L(p)_o$：最优 CSP 边界方案的接收概率

p_{IQL}：极限过程的过程不合格品率

S_{AOQL}：过程不合格品率等于平均检出质量极限时的过程良率指数

S_{IQL}：极限过程的过程良率指数

AFI_L：长期平均检验数极限

i_L：集成控制方案中最优 CSP‐1 方案连续检验阶段的连续合格品数

f_L：集成控制方案中最优 CSP‐1 方案分数检验阶段的检验分数

S_0：集成控制方案中风险控制方案过程良率指数的关键值

目　　录

第1章 绪 论

1.1 研究背景

连续抽样检验(Continuous Sampling Plan,CSP)是统计过程控制的重要方法,包含连续检验和分数检验两个阶段,通过两个检验阶段的自适应调整,实现对过程质量的控制和改善。现行的 CSP 方案种类很多,标准 GB 8052—2002 和 MIL - STD - 1235C 中包含的方案有 CSP - 1,CSP - 2,CSP - V 和 CSP - T。CSP - 2,CSP - V 和 CSP - T 方案是对 CSP - 1 方案的改进。为克服 CSP - 1 方案从分数检验过渡到连续检验的突然性,CSP - 2 和 CSP - V 方案对分数检验到连续检验的转变规则进行改善,CSP - T 方案则在分数检验阶段引进多个检验水平[1-2]。

满足同一质量需求的每一种 CSP 方案有无穷多个,无论过程质量如何波动,这无穷多个控制方案都能够达到满足质量控制需求的效果。现行 CSP 运行流程依据生产批量为受控过程选择检验方案,在选择方案时不考虑受控过程的统计稳定性,这种方案选择方法使得过程能力相同的并行受控过程采用不同的 CSP 方案后,过程质量合格但不一致。同一受控过程,在生产批量发生变动后,需要依据生产批量重新选择 CSP 方案,过程能力不变而检验方案发生变动,引起运行检验方案后的过程质量发生波动。可见,依据生产批量选择 CSP 方案,不考虑受控过程的过程能力水平,这种方案确定方法不适应受控过程的过程控制需求。

自动控制技术的进步使得受控过程成为普遍存在的生产过程,稳定在不同过程能力水平的受控过程,因随机因素的影响,依然存在过程波动,需要运行过程控制方案进行过程状态的监测和过程质量的控制[3]。CSP 对过程状态的监测是在连续检验阶段实现的。在过渡到分数检验阶段之前,当连续检验阶段的累积不合格品数达到一定数量时,即认为过程状态恶化。当受控过程真正恶化时,这种过程状态判断方法存在严重滞后,导致高的第二类风险。而当受控过程并没有恶化时,也存在连续检验阶段的累积不合格品数超过规定值的可能,即存在对正常过程状态的误判风险。对于受控过程状态的正确判断和过程能力的精确估计，是过程控制方案运行的基本前提。无论过程状态改善或者恶化，CSP控制方案都不能及时判断过程波动，导致两类风险水平都很高。

经济性是衡量过程控制方案优劣的重要指标，一般认为达到相同控制效果时，成本越低的控制方案经济性越好。但CSP方案进行过程质量控制的特殊性在于，不存在对任意过程状态都能够达到最优控制效果的控制方案。即有的方案对于高能力水平的受控过程的控制经济性较好，而有的方案对于低能力水平受控过程的控制经济性较好。甚至有学者论证了CSP对于过程控制是不经济的，即不应该运行CSP进行过程质量控制[4]。现有的CSP方案及其各种类型的改进方案，改进和优化思路均是试图建立全局最优的检验方案，这个优化思路的缺陷是显而易见的：受控过程可能稳定在任意过程能力水平，在各种能力水平下均能以最小成本实现过程控制的CSP是不存在的。此分析从另一个方面说明，只有针对特定受控过程，考虑其特定过程的能力水平，在固定的过程能力下，比较CSP方案的各项性能指标，才可能存在最优CSP方案。

在实际生产过程中，一般以适当的成本作为过程控制方案运行的控制目标，由此，形成控制方案运行的质量和成本双重约束。CSP的优化问题则是满足双重约束的方案寻优问题。现有的CSP方案只能满足质量约束，无法同时满足质量和成本约束。

由上述分析可知，现行CSP的方案选择方法不能满足受控过程的控制需求，对过程状态的判断滞后，其全局寻优的经济性优化策略不能满足特定受控过程的控制方案优化需求。依据受控过程的统计稳定性特征，在精确估计其过程能力的基础上，为特定受控过程量身定做最优CSP控制方案，成为亟待解决的问题。在给定的方案运行成本下，寻找同时满足质量和成本约束的CSP方案，是有待解决的另一个问题。在控制方案优化的同时，对过程状态判断的风险控制是所有优化方案必须解决的难题。

1.2　国内外研究现状

1.2.1　受控过程

统计过程控制（Statistical Process Control，SPC）的主要任务是过程状态判定和过程质量控制[3]。被判定为具有统计稳定性的过程称为受控过程。常用的过程状态判稳方法有控制图、分布拟合图和概率图等。分布拟合图和概率图一般同时配合使用。每种方法各有特点,可以根据实际需求单独使用,也可以优势互补地配合使用。控制图的图形绘制操作比较简单,其中的均值−极差控制图广泛应用于生产实践。学者们对控制图的统计特性和经济特性展开深入研究,据统计,关于控制图研究的论文有 500 多篇[5-6]。控制图判稳的典型特征是样本按照时间顺序排列在控制图中,使得数据随时间的演变趋势容易被发现。但控制图不能反映过程状态的稳定程度。分布拟合图和概率图配合使用判定过程状态,不但可以判断过程稳定性,还可以明确指出过程数据满足某种分布特征的程度,可以为过程控制提供更多过程状态的量化信息[7-8]。

仅仅判定过程受控与否是不够的,过程控制的目标是量化衡量受控过程的过程能力,以判断其对过程控制需求的满足程度。过程能力指数、过程良率指数和过程合格品率等过程能力指标被开发用于过程能力的量化衡量。

1.2.2 过程能力

1. 过程能力指标

过程状态量化衡量的前提是过程处于统计控制状态,即过程是受控过程。量化衡量指标包括过程能力指数(C_p,C_{pk},C_{pm},C_{pmk})[9],过程良率指数(S_{pk})[10],过程合格品率(p_c)等[11]。将过程能力量化衡量指标统称为过程能力指标。过程能力分析指在确认过程为受控过程后,计算过程能力指标,根据其量化值判断过程能力对控制需求的满足程度。过程能力指数和过程良率指数对控制需求满足程度的判定方法为,当其量化值高于 1.66 时,认为过程能力很高;当低于 1.66 但大于 1.33 时,认为过程能力较高;当低于 1.33 高于 1.0 时,认为过程能力尚可;当低于 1.0 但大于 0.66 时,认为过程能力偏低;当低于 0.66 时,则判定过程能力太低[12]。顾客需求一般体现为批次产品的不合格品率,将顾客需求的批次不合格品率转化为过程控制约束,则为过程不合格品率或者过程合格品率。将实际过程不合格品率与控制需求相比较,可以判定过程质量对顾客需求的满足程度[13]。

C_p 是第一代过程能力指数,为改善过程能力指数对过程能力表达的全面性,C_{pk},C_{pm},C_{pmk} 和 S_{pk} 等被提出。学者们研究了过程能力指数的估计量及其特性,以及不同分布形式的受控过程下过程能力的表达形式。同时,不断有新的过程能力指数被提出,其目的都在于从不同的角度全方位表达过程能力[14]。

一般用过程能力指标的估计量对过程能力进行量化衡量,估计量是统计量,用样本计算。过程的随机波动造成样本数据的变动,估计量随样本数据变动而发生波动。过程能力指标估计量的置信区间用于表达估计量波动的规律性,也可用于限制估计量的波动范围,控制过程波动。

学者们研究了各类受控过程的过程能力指标估计量及其置信区间,为过程状态的定量衡量和波动控制奠定了基础。

2.过程(不)合格品率估计量及其置信区间

1955 年,Lieberman 和 Resnikoff 提出在正态分布总体三种情况(样本均值总体方差、样本均值样本方差、样本均值字样本的平均范围)下,用计量信息估计总体不合格品率的抽样方案,给出 OC 曲线[15]。Folks,Pierce 和 Stewart 建立了服从正态分布、二项分布、泊松分布和负指数分布的过程合格品率的估计[16]。Wheeler 针对单边公差限,构建正态总体的不合格品率的估计量,并建立估计量的方差[17]。Wang 和 Lam 提出过程合格品率的四种极大似然估计,并与最小方差一致无偏估计进行比较,得到最接近一致最小方差无偏估计(Uniform Minimum Variance Unbiased Estimation,UMVUE)的极大似然估计[18]。

过程合格品率 p_c 的极大似然估计,其简单的公式表达利于实践者理解和应用,且表达精度能够满足受控过程能力水平衡量需求。

置信区间是研究过程能力指标必须考虑的问题。过程合格品率越高越好,所以不必研究其置信上限,只需建立过程合格品率的置信下限。Owen 和 Hua 构建了标准正态分布过程的过程合格品率的置信下限[19]。Chou 和 Owen 面向均值和方差未知的正态分布过程,针对单边公差的情况,分别建立置信下限和置信上限[20]。Wang 提出估计线性组合变量的近似置信区间的方法,将自由置信限和保守置信限进行加权平均以获得合适的置信区间[21]。Wang 和 Lam 给出过程合格品率估计的置信下限,并编写了置信下限的计算机计算程序[18]。Perakis 和 Xekalaki 修正了 Lam 和 Wang 的置信下限,修正后的置信下限具有较好的覆盖率[22]。Chen 等研究了多变量正态过程的过程合格品率估计的置信区间[23]。Lee 和 Liao 构建了平衡和非平衡正态随机过程的单边合格品率的置信限[24]。Perakis 和 Xekalaki 从后验概率角度研究过程合格品率置信下限,用贝叶斯技术建立了置信下限的后验概率公式[11]。

过程合格品率估计量能够精确表达过程状态,其估计量的置信下限能表达或被用于控制过程波动范围,这为各类过程控制方案提供了更精准的过程状态信息。但目前的过程控制方案,包括控制图、连续抽样检验等,不能融合过程合格品率估计量提供的过程状态信息对过程进行更精确的控制。因此,需要改进现有过程控制方案,或开发新的过程控制方案,以充分利用过程能力指标估计量和置信限的信息对过程进行全方位控制。

3. 过程良率指数估计量及其置信区间

Boyles 提出过程良率指数 S_{pk}，用以表达过程的能力水平，过程良率指数与过程合格品率是一一对应关系，它又同时具备与过程能力指数一样的过程能力判定形式[2]。Wu 和 Liao 针对非精确数据应用扩展的 Buckley 方法建立了 S_{pk} 模糊估计的成员函数。用 S_{pk} 估计的正态近似开发了可用于模糊测试的标准、关键值和模糊 p 值，可用于评估基于 S_{pk} 的过程良率[26]。Wang 和 Tamirat 为具有自回归属性的线性相关轮廓属性建立过程良率 S_{pk}[27]。Wang 为多重并行过程建立过程良率指标 S_{pk}^{M}，推导出其估计量的近似分布[28]。Wang 和 Guo 为非线性轮廓建立过程良率指标 S_{pkA}，给出其估计量的统计属性[29]。

S_{pk} 的估计量可以作为判断过程能力的指标。Lin 和 Pearn 提出用过程良率指标作为过程选择依据，用假设检验比较两个正态过程，得到做出选择决策的测试关键值，调查了满足给定选择风险和置信水平需要的样本量[30]。Pearn 和 Wu 提出多条并行独立生产线的选择问题，用基于过程良率的方法进行过程选择，建立假设测试方法，给出测试统计量的分布函数和概率密度函数，考察了多线选择中的样本量，比较了类型 Ⅰ 错误的概率[31]。Wu 和 Liu 开发了基于 S_{pk} 的计量抽样方案用于批量质量检验[7]。Liu，Lin 和 Wu 开发了基于 S_{pk} 的重提交抽样方案，以 ASN 最小为目标函数[32]。Dharmasena 和 Zeephongsekul 提出基于主成分分析的多变量过程能力指数，该指数与过程良率 S_{pk} 有直接对应关系，多变量过程能力指数收敛于正态分布[14]。

将 S_{pk} 指标作为并行生产过程选择的决策指标，等同于用过程合格品率作为过程能力判定的决策指标，因为二者是一一对应关系。基于 S_{pk} 的过程选择标准可与直接反映客户需求的过程合格品率相关联，由此量化了产线受控过程的生产能力对顾客需求的满足程度。

估计量的置信区间反映了估计量一定置信水平下的波动范围。Wang 等建立数学程序模型，求解 S_{pk} 的置信区间[10]。Wang 和 Tamirat 研究了自相关过程的过程良率的置信下限[33]。Chen 用四类 bootstrap 方法建立 S_{pk} 的置信限并进行了比较[34]。

S_{pk} 估计量的置信区间可以作为控制过程波动的阈值。置信水平和阈值的组合，为判定过程稳定性、控制过程能力水平和质量水平一致性提供了一种有效的方法。

4. 过程能力指数估计量及其置信区间

过程能力指数（C_p，C_{pk}，C_{pm}，C_{pmk}）的估计量一般用其自然估计，分别记为

$\hat{C}_p$、$\hat{C}_{pk}$、$\hat{C}_{pm}$ 和 $\hat{C}_{pmk}$，即用样本均值和样本标准差估计总体均值和总体标准差。学者们研究了估计量的置信区间。Dey 等针对林德利和级数林德利分布过程建立了通用过程能力指数的非参数置信区间[35]。Chen 等构建了 $\hat{C}_{pm}$ 的置信区间，并给出了置信区间构建的数学程序模型[36]。Chen 等提出应用布尔不等式和德莫根定理建立 $\hat{C}_{pu}$、$\hat{C}_{pl}$ 和 $\hat{C}_{pk}$ 的置信下限[37]。Cheng 给出了百分位过程能力指数的参数置信下限[38]。Pearn 和 Lin 分析了过程能力指数估计量 $\hat{C}_{pk}$ 的置信区间，讨论了不同样本量对置信区间的影响[39]。Chang 针对能力较低的过程，提出用启发式算法估计 $\hat{C}_{pmk}$ 的置信下限，分析了能够保证估计精度的样本量[40]。Perakis 比较了 $\hat{C}_{pm}$ 和 $\hat{C}_{pmk}$ 的点估计、分布属性的区别，用 3 种非参数技术分析了两个估计量的置信区间与真值的差别，通过比较证明了置信区间对实践中表达过程波动具有很大的指导价值[41]。

过程能力指数估计量及其置信区间，和确定置信区间需要的样本量的研究，为提高过程能力估计的精度提供了理论基础，为控制过程波动提供了条件。

5. 过程能力衡量的风险控制

过程良率指标估计量的值用样本计算，随机因素导致样本数据时刻都在波动，使得用样本计算的过程能力估计值以一定的统计规律波动。当用某个特定估计值代表受控过程的过程能力时，对过程能力满足控制需求的判断存在两类风险。第一类风险是将满足控制需求的受控过程误判为不满足的风险，风险大小一般用 α 表示。第二类风险是将不满足控制需求的受控过程误判为满足的风险，风险大小一般用 β 表示。Lee 等建立了过程良率指标估计量的分布函数，为控制两类风险创造了条件[42]。Wu 等利用过程能力指标估计量的分布函数，建立了能够同时满足两类风险的批量产品质量控制方案[7]。

（1）过程良率指数估计量的分布函数。S_{pk} 估计量非常复杂，其精确分布无法建立，Lee 等将 S_{pk} 的自然估计进行泰勒展开，给出估计量一阶近似的渐近正态分布[42]。Pearn 和 Cheng 推断出多重质量特征下 S_{pk} 估计的样本分布函数，考察了为达到规定估计精度而需要的样本量[43]。Wang 开发面向圆度的新的良率指标 $S_{pk(circular)}$，推导出其估计量的渐近正态分布[44]。Dharmasena 和 Zeephongsekul 将适用于正态分布的单变量和多变量过程良率指标扩展到适合所有位置-尺度分布族，证明了在适当的条件下，所有分布收敛于正态分布[45]。

Wu 和 Liu 利用 $\hat{S}_{pk}$ 分布函数分别建立了过程能力判定的两类风险控制函数，发现了两类风险在任意水平的组合形成的两个风险控制函数组成的方程组有唯一公共解。即对任意水平的风险组合，存在唯一风险控制方案，能够使得判定结果同时满足两类风险控制需求。这一发现被成功应用于制定批量产品检验方案，方案在判定批次产品质量时能够同时满足两类风险[7]。Liu 等应用 $\hat{S}_{pk}$ 分布函数的风险控制特征建立了批量产品重提交检验方案。该方案是计量检验方案，对于较高质量的批次，其检验数明显小于传统的检验方案[32]。

用 $\hat{S}_{pk}$ 指标建立的批量产品质量判定方案以较少的样本量即较小的成本达成批质量判定目的，并能够同时将两类风险控制在既定的水平。

（2）过程能力指数估计量的分布函数。研究者已经建立了过程能力指数的分布函数，并构建了能够同时满足两类风险的批次产品质量控制检验方案。

Chou 和 Owen 构建了单侧过程能力指数 $\hat{C}_{pu}$ 和 $\hat{C}_{pl}$ 的分布函数[46]。Pearn 和 Wu 利用 $\hat{C}_{pu}$ 和 $\hat{C}_{pl}$ 的分布函数构建了能够同时满足两类风险的批次产品质量控制检验方案[47]。Pearn 等建立了 $\hat{C}_{pk}$ 的概率密度函数[48]。Wu 等利用 $\hat{C}_{pk}$ 的概率密度函数开发了基于过程能力指数的批次产品重提交质量判断方案[49]。Pearn 和 Lin 给出了 $\hat{C}_{pmk}$ 的概率密度函数[50]。Wu 等利用概率密度函数建立了质量控制方案[51]。$\hat{C}_{pm}$ 的分布函数由 Lin 和 Pearn 开发[52]，Wu 应用分布函数建立了质量控制方案[53]。

利用过程良率指数和过程能力指数的分布密度函数建立的批次产品质量检验方案，能够同时满足两类风险控制需求，这是传统的检验方案无法达到的控制效果。传统批次产品检验方案一般只能够满足第一类风险，导致第二类风险过高，顾客利益无法得到保障。利用过程良率指标分布函数建立的检验方案，两类风险的同时控制使得生产者和顾客双方的利益同时得到保障。

过程良率指数和过程能力指数估计量的概率密度函数，可用于构建过程状态判断精确度的风险控制函数。Wu 等利用估计量的概率密度函数构建了批量产品质量判定的风险控制方法[49,51,53]。将 Wu 等的研究成果拓展到在线过程控制领域，是亟待解决的问题。

1.2.3　连续抽样检验

连续抽样检验（Continuous Sampling Plan，CSP）是能够改善过程质量的过程控制方法，和生产同步运行。检验发现不合格品后，立即进行修正，确认合格后让其流入下一道工序。连续抽样检验因为修正次品而提高了过程合格品率，改善了过程质量。因此，它是能起到过程质量改善作用的检验方案[2]。连续抽样检验包括连续检验和分数检验两个阶段,通过建立连续检验和分数检验之间的转化规则,实现方案的自适应调整,满足过程质量控制需求。

1. 连续生产形势下检验控制方案的提出

为监测和控制过程质量,Dodge 首次提出连续抽样检验(CSP)的过程质量控制方案,阐述了 CSP 的工作原理,用级数和数列数理方法给出平均检出质量(Average Outgoing Quality,AQQ)和长期平均检验数(Average Fraction Inspected,AFI)的计算公式[54]。CSP 方法是集监测与改善于一身的过程质量控制方案,迅速得到认可并被推广应用。美国军方制定标准 MIL-STD-1235C,包含了 CSP-1,CSP-F,CSP-2,CSP-V 和 CSP-T,共 5 种连续抽样方案[1]。该方案于 1988 年被取消,并随之制定了 MIL-STD-1916,该标准涵盖了批量抽样检验和连续抽样检验[55]。但其连续抽样检验方案的制定思路,都是沿用 Dodge 提出的抽样检验思路。我国于 1986 年引进了连续抽样检验的标准,命名为 GB/T 8052—1986,并于 2002 年对标准进行修订,命名为 GB/T 8052—2002[2]。

Dodge 的方案存在诸多缺陷,如检验工作量大,没有确定方案终止策略,方案选择时根据生产批量,而不考虑过程能力水平高低,这些缺陷使得学者们不断努力试图开发性能更好的连续抽样检验策略。

从分数检验开始,根据具体情况执行或者不执行全检,是其中的一类在线检验方法。1945 年,Wald 和 Wolfowitz 提出先进行分数检验,当不合格品率超出平均检出质量极限(Average Outgoing Quality Limit,AOQL),再执行全检[56]。Sanghvi 提出另一种检验思路:仅仅进行分数检验,不执行全检,用成本最小确定方案参数,即检验分数[57]。Wang 和 Chang 提出从分数检验开始,验证 i 个(i 是连续检验阶段的连续合格品数)连续分数检验合格,则降低 f(f 是分数检验阶段的检验分数)[58]。

除了连续检验和分数检验的检验模式,研究者也探讨了别的在线检验方法。如 Savage 针对会恶化的生产过程建立检验方案,并提出生产终止、维修开始的模型[59]。Read 和 Beattie 将批量检验方法和连续抽样检验的优势组合,提出了 3 个参数的检验方法,方案能够保障 AOQL(平均检出质量极限),给出了绩效公式[60]。Hillier 针对破坏性检验,利用先验信息建立连续抽样检验程序,最小化检验成本[61]。Kumar 指出当马尔可夫链的系列相关因素为正时,CSP 方案将不适用[62]。

实际应用中,苹果公司对 CSP 进行了改进,Connlly 叙述了苹果公司的抽样方案,用序列抽样代替 CSP[63]。Kumar 和 Vasantha 提出了马尔可夫过程下,较小连续合格品数的抽样方案[64]。

这些检验方案的建立目标是克服 CSP 的缺陷,但由于参数确定程序复杂、运作程序难以实施等,都没能得到推广应用,最终 Dodge 的 CSP 方案成为过程质量控制的主要方案。

2. Dodge 类型方案性能参数的提出及性能函数的构建

Dodge 类型方案是指 Dodge 提出的系列方案及由此衍生出的系列方案。这类方案的性能评价指标包括平均检出质量(AOQ)、长期平均检验数(AFI)和接收概率[Acceptance Probability,$L(p)$]。每一个方案需要推导出性能公式。

不同的数理方法被提出用于性能函数的推导。文献[65-69]运用数学分析法推导性能公式。运用马尔可夫方法推导性能公式的文献包括[70-77]。Yang 提出更新过程模型,建立了构建性能公式的理论体系[78-79]。图形技术是马尔可夫过程、更新过程模型的综合,可视性强且很直观,但是应用图形技术难以表达复杂的运作流程[80-83]。

性能指标 AOQ 表达了方案的质量控制效果,即实施检验方案后的过程质量。性能函数 AOQ 是方案参数和过程不合格品率的函数。对于特定受控过程,将过程不合格品率估计量代入性能函数 AOQ,即可得到受控过程实施 CSP 后的量化过程质量。

性能指标 AFI 是衡量检验方案形成的检验工作量的指标,检验工作量与方案成本正相关,因此 AFI 是衡量方案运行成本的指标。

3. Dodge 类型方案的拓展

为应对复杂多变的生产情况,Dodge 类型方案被不断拓展,主要包括加严型、放宽型、MAOQ 和 AOQL 指标加权控制等 4 个拓展方向以及改进转换规则。

单水平方案的加严,一般通过限制连续检验阶段的次品数或者限制连续检验总数长度实现[84]。多水平方案的加严,除了同单水平检验一样,在连续阶段加严外,还通过从较小的检验分数直接跃迁到较高的检验分数甚至全检阶段,实现加严[85-88]。

CSP 方案对过程控制的放宽,是针对过程质量水平较高的过程展开的。实现方案放宽有 4 个途径:① 分数检验阶段采用多个检验水平[85-88];② 直接证明过程质量高,不进行连续检验,直接执行分数检验[90];③ 允许分数阶段出现多个次品才转换到全检[91-92];④ 被 CSP 认为不良的过程,用计量检验方法重新实施检验,确认过程质量[93]。

印度的学者针对 AOQL 指标控制的效果提出质疑,提出 MAPD 和 AOQL 加权控制方案[94-97]。但这一类方案依然是 AOQL 等值面方案。

CSP 的连续检验和分数检验两个检验阶段之间的转换,仅仅以次品个数作为判断依据,没有考虑过程的实际质量,造成两类风险都很高。Bourke 先后提出以良率的累积和作为 CSP 检验阶段转换的依据[98-99]。Eleftheriou 和 Farmakis 提出以 EWMA 控制图作为转换规则[100]。

其他对 CSP 方案的拓展还包括 Mayureesawan 和 Ayudthaya 为过程质量不同的并行生产线建立检验方案,并给出性能公式[101];Chen 和 Chou 提出线性成本约束下,短运行区间的最优 CSP - 1 方案[102];Suresh 和 Nirmal 将针对质量点建立 CSP - 1 方案更新为针对一定的质量域构建检验方案[103];Viswanathan 则把 CSP 的思路用于建立最终产品检验方案[104]。Case 等建立了考虑两类检验错误的 CSP - 1 方案,并给出性能公式[105];Klufa 将 CSP 用于计量检验[106]。

4. 检验方案参数生成原理

Dodge 类型方案种类繁多,但方案参数确定方法都是一样的:在平均检出质量极限(AOQL)等值面上确定方案参数。AOQL 是实施 CSP 后达到的最低过程质量要求。因此,Dodge 类型方案统称为 AOQL 等值面方案。满足任意质量需求 AOQL 的等值面方案都有无穷多个,如图 1-1 所示。由图 1-1 可知,无论过程质量高或者低,也无论过程质量如何波动,所有 AOQL 等值面方案都能控制过程质量满足质量控制需求。AOQL 等值面方案的质量控制特点是,当过程不合格品率从 0 增大到 1,平均检出质量(AOQ)先是从 0 逐渐增大到 AOQL,然后再逐渐降低,即 $\max(AOQ) = AOQL$。将 $\max(AOQ) = AOQL$ 对应的过程不合格品率记为 p_L,则不同 AOQL 等值面方案之间的区别是 $\max(AOQ) = AOQL$ 发生的位置不同,即 p_L 不相等。

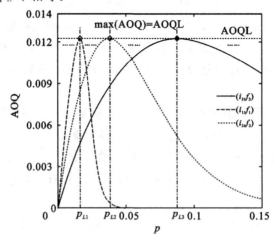

图 1-1　AOQL 等值面方案的参数形成和控制原理

现行 CSP 依据生产批量和质量需求 AOQL 为生产过程确定检验方案[2],没有考虑过程能力水平和过程波动规律,导致实施控制方案后过程质量不一致,同时不能够精准预测实施控制方案后的过程质量。过程能力指标估计量及其置信限已经得到充分研究,为依据过程能力选择 CSP 方案提供了条件。将过程能力的精确估计和 CSP 对过程的精准控制相结合,则能够实现对实施 CSP 方案后的过程质量的精确预测。实现这一控制目标的关键点,在于改进 CSP 方案选择方法,建立基于过程能力估计的 CSP 方案确定方法。

1.2.4 连续抽样检验的经济性优化

运行 CSP 需要成本。过程控制的目标是在满足质量控制需求的前提下,过程控制方案的运行成本尽量小。CSP 运行成本包括设备成本、方案运作成本和返修成本等。分析 CSP 检验方案的控制特征,寻找成本最小的检验方案,成为研究热点之一。CSP 的经济性优化主要有检验数最小、成本不经济性、有限检验能力和集成控制 4 个视角。

1. 检验数最小的最优 CSP 检验方案

质量约束(AOQL)是 CSP 方案唯一能够满足的约束。执行检验方案形成的检验工作量,即检验数,是检验成本的直接影响因素,也是迫切需要考虑的约束因素。

检验数最小是检验方案优化途径之一,可从两个视角出发寻找检验数最小的 CSP 方案:① 以检验数最小作为目标函数建立方案参数求解方程组;② 以成本最小为目标函数建立方案参数求解方程组。

印度学者研究了在满足 AOQL 约束的前提下,AFI 最小的方案参数求解方法[107-110]。寻找最优方案的思路是针对特定受控过程,将其过程质量视为已知,为其建立最优方案求解公式。但这些满足质量和检验数约束的最优方案参数求解方法,仅仅适合于能力水平和质量水平较低的过程的控制,对于高能力水平的过程控制,无法满足约束需求。

总成本最小是过程控制的主要目标。台湾学者 Chen 等从多个角度出发寻找使得成本最小的 CSP 检验方案参数,比如,考虑检验错误、后悔值、标准限等[111-115]。最优方案参数的求解,是以约束成本(如缺陷成本、返修成本等)的确定为前提的,而约束成本自身很难量化,因而制约了方案的可行性。

2. 成本视角下考察 CSP

对 CSP 方案的经济性做原理性探讨,将有助于理性认识执行 CSP 的必要性,建立低成本下的过程控制策略。从成本视角出发,考察 CSP,形成了两种观点:一是对 CSP 的彻底否定;二是认可 CSP 方案的价值,并为之建立总成本优化下的最优方案。

文献[4],[116]～[118]从成本角度考察 CSP 的价值,发现 CSP 对于过程控制没有存在价值。通过证明得到结论:过程控制要么全检,要么不检。但过程质量控制标准至今没有抛弃 CSP,原因在于全检成本很高,企业无法承担;不检的策略不可行,客户不同意,不执行检验会被客户认为缺乏质量控制手段。显然,从证明中得出的结论和实际应用有偏差。实际上,这个观点只证明了 CSP 的不经济性,但没有从理论上提供给实践者全检和不检的分界点。CSP 的研究者需要提供给实践者精确的阈值,该阈值代表过程能力水平和过程质量水平,是采取不同过程控制策略的转折点。

成本最小视角下的方案寻优策略和最小 AFI 目标下的寻优策略,有区别又有联系。成本最小一般是指总成本最小,如缺陷成本、返修成本、加工成本等成本的总和,而 AFI 最小仅仅指用最小检验数达到质量控制需求。

Chen 和 Chou 从成本最小的视角和集成控制的角度,建立了 CSP 系列方案的优化策略[119-120]。Yu 和 Wu 用更新过程模型,以考虑两类检验错误为出发点,以成本最小为优化目标,建立最优混合检验策略[121]。Eleftheriou 和 Farmakis 将成本分为内部成本和外部成本,用总成本最小化为目标函数寻找 CSP-1 的最优方案[122-123]。Yu,Chang 和 Chiang 提出了一种 CSP-2 和精确检验的混合检验策略,检验策略考虑了检验错误和返回成本[124]。Peng 和 Khasawneh 开发基于马尔可夫链的模型,以成本最小为目标函数,寻求最优过程目标值[125]。Yu 将混合检验策略从两水平拓展到多水平,且证明 3 种策略存在[126]。Viswanathan[104]用排队论改进了连续抽样检验以避免全检带来的高成本。

以控制方案运行成本最小作为目标函数建立的最优检验方案,在任何能力水平都能够达到控制成本最小。这个控制理念与生产过程总成本最小的控制目标有不相容之处。如果过程能力很高,远远高于顾客需求,则不需要运行过程控制方案,但能力很高的过程,其构建成本必然很大。如果过程能力水平刚好能满足顾客需求,需要运行过程控制方案进行过程控制,该能力水平生产流程的构建成本和过程控制方案运行成本之和可能低于高能力过程的构建成本。从总成本最小的视角分析运行成本最小的最优 CSP 方案,可以发现在所有能力水平都能够达到成本最小的最优 CSP 方案是不可能存在的。

综上所述,从总成本最小的视角优化过程控制方案,应从两个角度考虑优化问题。一是在生产线构建阶段,在满足顾客需求的前提下,结合企业长远发展战略,构建建设成本和控制成本总成本最小的生产流程。二是对既定生产流程,即对既定能力水平的过程,寻找成本最小的控制方案。过程控制方案优化一般是从第二个角度展开,即对既定能力水平的过程建立成本最小的控制方案。由此推断:一切过程控制方案(包括 CSP 方案)都应该面向特定过程能力水平建立、选择、优化控制方案,且在过程能力发生变动后,能够根据过程能力变动依据成本最小策略调整控制方案。

3.有限检验能力下的最优 CSP 方案

检验能力有限是企业经常面临的问题。现有文献一般从确立分数检验阶段的检验分数出发,满足检验能力的限制。

Wang 和 Chang 针对检验分数有上限的情况,提出从分数检验开始的 CSP 检验策略[58]。Wang 和 Chen 则考虑了 AFI 有限的情况下,从分数检验开始的检验方案[127]。Bebbington,Lai 和 Govindaraju 将检验能力极限视为最大的检验分数,将生产过程视为马尔可夫过程而不是伯努利过程,建立最优方案,并推导出性能公式[128]。

限制检验分数并不能对长期平均检验数 AFI 形成影响,而长期平均检验数 AFI 代表了执行 CSP 形成的成本。即试图用限制分数检验阶段的检验分数来满足检验能力约束,存在局限性。

检验能力是和 CSP 的性能指标 AFI 直接关联的约束,检验能力有限意味着 CSP 方案的 AFI 不能超过检验能力限制。以过程不合格品率的估计量 $\hat{p}$ 表达受控过程的能力,则达到质量需求 AOQL 需要的最小检验工作量是常数。最小检验工作量达到检验能力限制的受控过程,是检验能力能够负担的最劣过程。当受控过程质量劣于检验能力能够负担的最劣过程时,应立即终止生产。由此分析可知,有限检验能力下 CSP 方案的优化问题,其实是过程质量劣于最劣过程时的生产及时终止问题。更进一步分析可知,该问题实质是判断受控过程是否劣于最劣过程的风险控制问题。在检验能力极限能够承受的最劣过程能够被精准判断的前提下,再去寻找能够使得优于最劣过程的受控过程满足质量控制需求的检验方案,才是有限检验能力下 CSP 优化的较为合理的思路。

4.CSP-1 与其他过程控制方案的集成

连续抽样检验只能满足过程质量控制需求。过程控制的目标是运行判稳工具,保证过程处于受控状态;运行过程控制方案,满足质量、成本约束;将控制方案运行风险控制在给定水平。将 CSP 与其他控制工具集成的优势在于：CSP 本身是检验策略，可以在运行 CSP 的同时，运行其他控制工具。

对于质量和可靠性都会恶化的随机过程，Bouslah 等[129-130] 提出连续抽样方案与面向库存的生产和预防性维护集成控制策略，在满足质量约束的前提下，以总成本最小为目标函数，优化集成控制方案控制参数。抽样检验数据中蕴含着很多生产数量信息，如产量和在制品量等，这些数量指标也会被抽样方案影响。但质量和数量问题一直被分开加以研究。Cao 和 Subramaniam[131] 对实施连续抽样检验的系统，提出质量和数量控制模型。为单一状态系统控制建立时间连续-零件离散的马尔可夫模型，以利润最大化为目标函数，计算产量、质量、平均检验分数和在制品数量。

学者们研究了 CSP 和控制图的集成。Bourke[98] 提出以累积和控制图作为分数检验和连续检验之间的转换规则（CSP - CUSUM）的集成控制方案。Eleftheriou 和 Farmakis[100] 则以指数加权移动平均（EWMA）控制图作为连续检验和分数检验的转换规则。CSP 的分数检验和连续检验能够自适应调整，以控制图替代 CSP - 1 自适应调整规则，最大的问题在于对过程状态判断的风险。两篇文献仅仅讨论了平均检出质量和长期平均检验数两个性能指标，并没有分析集成方案的风险，这是研究的不足之处。

以成本或者利润为优化目标构建 CSP 的集成优化模型，优化目标是在过程不合格品率的值域范围内都能达到最优控制效果，这与常识不符：不同能力水平的受控过程，其控制模型不同。即从成本或者利润视角出发建立的优化模型，一定要考虑受控过程的能力水平，在所有能力水平都能达到最优控制效果的过程控制方案是不可能存在的。

1.3　研究问题的提出

统计过程控制的过程状态稳定性判定、过程能力量化衡量和过程质量改善都已经得到充分研究。过程能力指标的最小方差无偏估计或者极大似然估计，形成过程能力量化衡量的基础。过程能力指标置信区间的建立为控制过程波动、保障过程质量一致性提供了条件。过程能力指数和过程良率指数估计量分布函数的构建，使得过程能力量化衡量的风险控制成为可能。连续抽样检验作为唯一能够直接改善过程质量的过程控制方案，依然采取在过程不合格品率从 $0 \sim 1$ 的取值区间根据质量约束制定检验方案,依据生产批量和质量约束选择检验方案,并不依据受控过程的过程能力水平制定检验方案,不依据过程能力的波动调整检验方案。现行连续抽样检验策略的制定方法已经不适应受控过程的控制需求。

受控过程稳定在一定的能力水平,即受控过程的过程不合格品率估计量可被视为常数。当过程质量需求一定时,连续抽样检验首先需要将质量需求与过程不合格品率估计量进行比较,从而做出是否需要运行检验方案的判断。对于相比于质量需求较劣的过程质量,例如检验数几乎达到全检,要及时终止生产。由此分析,连续抽样检验的优化问题是针对需要运行检验方案进行过程质量改善的受控过程,寻找能够满足质量需求的最优方案。

成本约束作为过程控制方案必须考虑的重要约束,在抽样方案中直接体现为抽取的样本数量,在连续抽样检验中体现为长期平均检验数。连续抽样检验成本约束下的优化问题,即达到长期平均检验数极限的受控过程的终止问题,实质是风险控制问题。

由以上分析可知,连续抽样检验对受控过程控制的不适应性,可以总结为下述 3 个研究问题:

1. 连续抽样检验适宜运行的过程状态区间

将受控过程的过程质量估计量与过程质量控制需求进行比较,建立需要运行连续抽样检验进行质量控制的过程状态区间。

2. 过程能力既定条件下连续抽样检验的动态优化

对于需要运行连续抽样检验进行过程质量改善的受控过程,将过程能力视为常数,对比既定过程能力下满足质量需求的无穷多可行 CSP 方案的性能特性。根据 CSP 方案的性能表现,包括质量和成本满足状况、对质量波动的应对能力等,建立既定过程能力下的最优 CSP 方案。

3. 质量和成本约束下最优连续抽样检验方案的建立

既定成本下连续抽样检验的优化问题,可以转化为质量和成本双重约束下最优连续抽样检验方案的建立问题。如果将过程能力水平、过程控制质量需求和控制方案运行成本约束三者联系起来,综合放在过程状态的所有可能的能力水平进行考虑,则可以发现能力水平低于质量需求的过程,才需要运行连续抽样检验方案进行过程控制。对于低于质量需求的受控过程,存在这样的过程状态:即连续抽样检验需要在最大成本下运行才能保证过程质量满足过程质量控制需求,如果过程继续恶化,则成本约束无法满足。由此分析可知,该优化问题可以分解为两个问题：一是满足质量和成本约束的连续抽样检验方案的建立；二是过程状态判断的风险控制。建立过程状态判断的风险控制策略，弥补连续抽样检验在过程控制中两类风险都很高，无法进行过程状态监测的缺陷。

1.4 研究内容与章节安排

1.4.1 主要研究内容

连续抽样检验基于样本数据的计数特征驱动方案运行，在保持连续抽样检验原有过程质量控制功能的基础上，利用样本数据的计量特征建立起连续抽样检验方案和过程状态的关系，从以下六方面展开研究，实现对过程控制方案的重新设计：

（1）基于样本数据的计量特征估计受控过程的过程能力指标，依据过程能力指标估计量的分布特性实现过程波动的控制和实时监测。

（2）分析受控过程的过程合格品率估计量与过程质量控制指标 AOQL 的关系，从二者的关系中建立连续抽样检验方案的启动阈值。分析过程状态、质量控制需求和连续抽样检验方案运行成本之间的关系，确定连续抽样检验方案终止运行阈值。

（3）以连续抽样检验的三类性能函数为出发点，分析当方案参数和过程合格品率分别发生变动时，性能指标的变动规律。依据变动规律分析当过程合格品率估计被视为常数时，满足受控过程质量控制需求的所有可行的连续抽样检验方案。分析可行连续抽样检验方案的三类性能曲线，建立可行连续抽样检验方案的边界方案。

（4）分析边界方案的过程控制属性，即边界方案的方案参数与过程状态指标和绩效指标之间的关系，建立适合受控过程控制的连续抽样检验边界方案运行流程。基于连续抽样检验方案边界的过程控制方案应具备以下功能：实时监测过程状态并控制过程波动；能够做出是否需要运行检验方案进行过程控制的判定；方案参数能够随着过程波动而进行调整；确保检验方案在低成本下运行。依据连续抽样检验边界方案的特点，建立最优连续抽样检验方案参数求解方程组。

（5）利用样本数据的计量特征估计受控过程的过程良率指数，基于过程良率指数估计量的分布特征建立满足质量、成本和风险约束的风险控制方案。基于连续抽样检验边界方案的控制属性建立满足质量和成本约束的质量控制方案,给出联合控制方案的方案参数求解方程组。

(6) 给出具有代表性的约束需求下的方案列表,对比提出的各类方案与传统连续抽样检验方案的过程控制性能,通过应用实例证明提出的各类方案在过程控制中的优势。

1.4.2 章节安排

本书分为 7 章,具体安排如下:

第 1 章:介绍研究背景,分析国内外研究现状,指出过程控制方案对于受控过程控制存在的问题,提出本书主要的研究内容、展开结构及章节安排。

第 2 章:分析受控过程的统计稳定性特征,建立受控过程的控制需求,指出现有过程控制方案不能满足受控过程控制的原因所在,分析连续抽样检验方案对受控过程控制需求的满足潜力。

第 3 章:介绍四类典型的连续抽样检验方案的流程和性能指标,分析三类性能曲线的特点,利用偏微分方法分别分析四类方案的三类性能指标随过程合格品率和方案参数的变动规律。

第 4 章:建立连续抽样检验方案的有效工作区间,分别分析四类连续抽样检验方案满足质量约束的可行方案,建立可行连续抽样检验方案的边界,明确边界方案的控制属性。

第 5 章:论证边界方案即是最优方案,构建最优控制方案运行流程,建立四类方案的方案参数求解方程组,给出方案列表,将最优方案与传统方案进行对比分析,用企业实例分别证明四类最优方案的优势。

第 6 章:构建质量、成本和风险约束的生成与转化机制,论证过程良率指数与连续抽样检验联合控制方案是唯一同时满足四类约束的控制方案,建立联合控制方案的参数求解方程组,给出具有代表性的约束需求下的方案列表,通过与传统方案的绩效对比证明联合控制方案的优势,应用企业实例说明联合控制方案的价值。

第 7 章:总结主要研究内容,指出论文的创新点。

本书的研究框架以及各章内容之间的关系如图 1-2 所示。

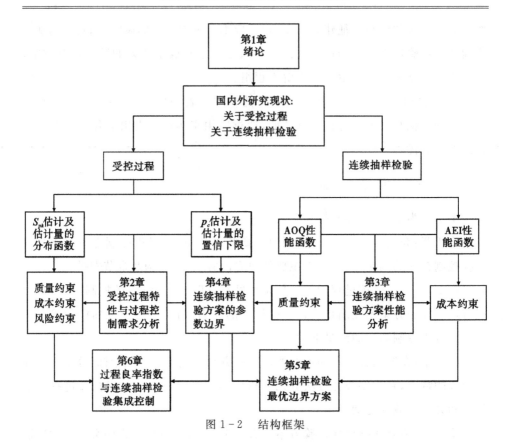

图 1－2　结构框架

第2章 受控过程特性与控制需求

2.1 受控过程数据特性

2.1.1 数据的统计稳定性

受控过程数据的统计稳定性可从两方面理解。一是在人、机器、材料、方法、环境、测量(5M1E)稳定的条件下,加工数据以可考察的规律性表现出稳定性,即以一定比例落在规定的范围或者服从某种形式的分布。二是外界条件变动后,即 5M1E 的一项或者多项变动后,受控过程数据仍可以在不同的能力水平保持稳定。如某工序设备的过程标准差为 σ,当零件工序的公差范围设计为 12σ,则过程能力指数 $C_p = 2$,设备在高的能力水平保持稳定;当零件工序的公差范围设计为 3σ,则过程能力指数 $C_p = 0.5$,设备在低的能力水平保持稳定。

受控过程数据的统计稳定性使得受控过程具有可预测性和可设计性[3,5]。

可预测性包含两层含义:① 过程状态可预测、过程质量可预测;② 全部设备稳定时,部件性能、产品性能可预测。

可设计性也包含两层含义:① 针对新产品的需求,可根据产量、成本、竞争性等约束选择满足设计需求的处于一定能力水平的设备;② 局部改进产品时,可考虑相关加工设备的能力水平,从而设计出可实现性高的产品,提高产品改进的可行性。

2.1.2 数据分布函数

具备计量质量特性的受控过程,可视为随机过程,其数据近似服从随机分布,如正态分布、指数分布和威布尔分布等。

正态分布是受控过程常用的拟合分布函数,概率密度函数为

$$f(x) = \frac{1}{\sqrt{2\pi}\sigma}\exp\left[-\frac{(x-\mu)^2}{2\sigma^2}\right] \qquad (2-1)$$

式中，x 是随机变量，μ 是过程均值，σ 是过程标准差。

产品寿命数据一般服从威布尔分布，概率密度函数为

$$f(x,\lambda,k) = \begin{cases} \dfrac{k}{\lambda}\left(\dfrac{x}{\lambda}\right)^{k-1} e^{-(x/\lambda)^k}, & x \geqslant 0 \\ 0, & x < 0 \end{cases} \tag{2-2}$$

式中，x 是随机变量；k 是形状参数，$k > 0$；λ 是比例参数，$\lambda > 0$[132]。

衬套外径精加工工序尺寸见表 2-1，共 120 个数据。衬套上公差限 USL = 2.79mm，下公差限 LSL = 2.67mm，目标值 T = 2.73mm。工序质量控制策略采用全检，即衬套精加工完成后立即进行检验。

对 120 个数据进行观测，可看到其中 119 个数据在公差限范围之内，只有 1 个数据在公差范围之外，即出现一个不合格品，但无法根据数据判断该过程是否为受控过程。现用正态分布对数据进行拟合。

表 2-1　120 个衬套外径精磨数据　　　　　　单位：mm

2.74	2.70	2.71	2.70	2.73	2.74	2.70	2.74	2.73	2.75	2.73	2.72
2.70	2.70	2.73	2.73	2.75	2.71	2.77	2.72	2.73	2.71	2.73	2.70
2.71	2.74	2.73	2.77	2.74	2.76	2.71	2.69	2.66	2.74	2.74	2.75
2.70	2.75	2.69	2.72	2.72	2.74	2.74	2.76	2.68	2.72	2.73	2.73
2.71	2.74	2.74	2.75	2.73	2.72	2.74	2.73	2.75	2.74	2.69
2.74	2.72	2.72	2.72	2.70	2.70	2.70	2.74	2.73	2.72	2.69	2.73
2.71	2.70	2.71	2.75	2.73	2.74	2.76	2.73	2.72	2.71	2.74	2.69
2.73	2.72	2.70	2.71	2.69	2.72	2.68	2.74	2.74	2.72	2.69	2.72
2.75	2.70	2.74	2.73	2.75	2.71	2.73	2.75	2.72	2.74	2.74	2.76
2.73	2.72	2.75	2.76	2.71	2.71	2.72	2.72	2.71	2.70	2.70	2.72

图 2-1 和图 2-2 分别为表 2-1 数据的正态拟合柱状图和概率图。显然，过程数据的正态拟合效果良好，说明该过程是受控过程，可视为正态过程。计算可得样本均值 $\bar{x}$ = 2.724，样本标准差 S = 0.021。正态受控过程的过程能力指标可用数据进行估计，可得各类过程能力指标的估计量 $\hat{p}_c$ = 0.994 099，$\hat{S}_{pk}$ = 0.917 745，C_p = 0.952 372，C_{pk} = 0.857 135，$\hat{C}_{pm}$ = 0.915 729，$\hat{C}_{pmk}$ = 0.824 156。也可由 $\bar{x}$ 和 S 求得统计量的分布函数。由 $\hat{S}_{pk}$ 近似服从 $N\left[S_{pk}, \dfrac{a^2 + b^2}{36n(\varphi(sS_{pk}))^2}\right]$，得 $\hat{S}_{pk} \sim N(0.917\ 745, 0.003\ 509)$[42]。

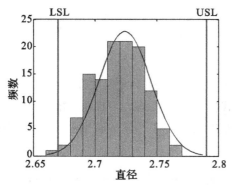

图 2-1   120 个数据的正态柱状拟合图

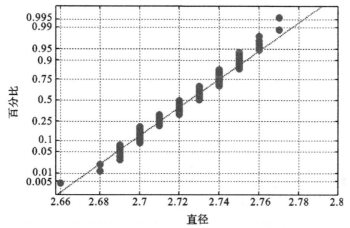

图 2-2   120 个数据的正态概率拟合图

表 2-1 的 120 个外径数据,出现一个不合格数据 $x = 2.66 < \text{LSL} = 2.67\text{mm}$,则过程合格品率的观测值($p_c$)可由测量数据估计:$p_c = 119/120 = 0.991\,667$。过程合格品率的估计值和观测值的差异:$\Delta p_c = \hat{p}_c - p_c = 0.002\,43$。由本组数据的分析结果可知:用正态分布拟合 120 个数据,并利用这些数据对过程能力进行估计,估计精度可达千分率,本案例估计精度达到 2.43‰。

2.1.3   过程能力水平的衡量

5M1E 综合因素的影响,使得受控过程的过程能力会稳定在不同能力水平。过程能力指标被设计用于衡量过程能力水平,包括过程能力指数 C_p,C_{pk},C_{pn},C_{pmk},过程良率指数 S_{pk},过程合格品率 p_c 等。

过程合格品率(p_c)指受控过程数据落在公差范围内的比率,是生产者和顾客都极为关注的过程参数,服从某种分布的加工过程,假设分布函数为$F(\cdot)$,则该加工过程的过程合格品率为$p_c = F(\text{USL}) - F(\text{LSL})$。USL代表上标准限,LSL代表下标准限。过程波动主要体现为过程中心(μ)的偏移和过程方差(σ^2)的波动。过程中心偏移指过程中心偏离目标值。指标p_c能反映两类过程波动对过程状态带来的影响。近似服从正态分布的受控过程,称为正态过程。正态过程p_c的计算公式为

$$p_c = \Phi\left(\frac{\text{USL} - \mu}{\sigma}\right) - \Phi\left(\frac{\text{LSL} - \mu}{\sigma}\right) \qquad (2-3)$$

式中,$\Phi(\cdot)$是标准正态分布$N(0,1)$的累积分布函数(CDF)[133]。

四类过程能力指数的计算公式为

$$C_p = \frac{\text{USL} - \text{LSL}}{6\sigma} \qquad (2-4)$$

$$C_{pk} = \min\left\{\frac{\text{USL} - \mu}{3\sigma}, \frac{\mu - \text{LSL}}{3\sigma}\right\} \qquad (2-5)$$

$$C_{pm} = \frac{\text{USL} - \text{LSL}}{6\sqrt{\sigma^2 + (\mu - T)^2}} \qquad (2-6)$$

$$C_{pmk} = \min\left\{\frac{\text{USL} - \mu}{2\sqrt{\sigma^2 + (\mu - T)^2}}, \frac{\mu - \text{LSL}}{2\sqrt{\sigma^2 + (\mu - T)^2}}\right\} \qquad (2-7)$$

式中,T是质量指标的目标值。C_p反映设备能力对公差设计需求的满足程度,体现设备的固有加工能力。设备运行时,由于5M1E要素的波动,过程中心经常发生一定程度的漂移,C_p指标无法反映过程中心的漂移程度。C_{pk}指标将过程中心偏离公差上限和下限的程度分开进行测度,有效反映了过程中心偏移后设备加工能力对设计公差的满足程度。过程控制人员可以从C_{pk}和C_p的差异判断过程中心偏移程度,对过程加工能力做出正确的判断。C_{pm}指标在C_p的基础上,考虑了产品设计目标值T与过程中心μ不一致对过程能力的影响。该指标指出目标值T与过程中心μ不一致,是对设备能力的极大浪费。通过该指标可以看出,产品设计者在确定工艺参数时,必须考虑实现工艺参数的现有设备的状态。指标C_{pmk}则是在C_{pm}的基础上,考虑了过程中心偏移对过程能力的影响。进行过程控制时,应同时测定四个过程能力指标,以全面反映设备固有能力、工艺参数设计合理性、设备能力的发挥程度、环境因素等对过程状态造成的综合影响[11]。

正态过程各类过程能力指标和过程合格品率之间具备一定的量化关系。Perakis和Xekalaki[133]将二者之间的关系总结如下:

$$p \leqslant 2\Phi(3C_p - 1) \tag{2-8}$$

$$p = \Phi(3(2C_p - C_{pk})) - \Phi(-3C_{pk}) \tag{2-9}$$

$$p = \Phi\left[\frac{USL - \mu}{\sqrt{\left(\frac{d}{3C_{pm}}\right)^2 - (\mu - T)}}\right] - \Phi\left[\frac{LSL - \mu}{\sqrt{\left(\frac{d}{3C_{pm}}\right)^2 - (\mu - T)}}\right] \tag{2-10}$$

当 $LSL \leqslant \mu \leqslant M$ 时,有

$$p = \Phi\left[\frac{USL - \mu}{\sqrt{\left(\frac{\mu - LSL}{3C_{pm}}\right)^2 - (\mu - T)}}\right] - \Phi\left[\frac{LSL - \mu}{\sqrt{\left(\frac{\mu - LSL}{3C_{pm}}\right)^2 - (\mu - T)}}\right]$$

$$\tag{2-11}$$

当 $M \leqslant \mu \leqslant USL$ 时,有

$$p = \Phi\left[\frac{USL - \mu}{\sqrt{\left(\frac{USL - u}{3C_{pm}}\right)^2 - (\mu - T)}}\right] - \Phi\left[\frac{LSL - \mu}{\sqrt{\left(\frac{USL - \mu}{3C_{pm}}\right)^2 - (\mu - T)}}\right]$$

$$\tag{2-12}$$

式中,$d = \dfrac{USL - LSL}{2}$,$M = \dfrac{USL + LSL}{2}$。

过程良率指数 S_{pk} 是针对正态过程建立的能力指标,计算公式定义如下[25]:

$$S_{pk} = \frac{1}{3}\Phi^{-1}\left[\frac{1}{2}\Phi\left(\frac{USL - \mu}{\sigma}\right) + \frac{1}{2}\Phi\left(\frac{\mu - LSL}{\sigma}\right)\right] \tag{2-13}$$

过程良率指数 S_{pk} 和过程合格品率之间是一一对应关系,见表 2-2。

表 2-2 过程良率、过程不合格品率和过程能力的一一对应关系

过程良率 /(%)	过程不合格品率 /(%)	S_{pk}
99.306 605 2	0.693 394 8	0.90
99.562 807 7	0.437 192 3	0.95
99.730 020 4	0.269 979 6	1.00
99.836 729 5	0.163 270 5	1.05
99.903 315 2	0.096 684 8	1.10

受控过程可视为随机过程,其样本均值 $\overline{X}$ 和样本方差 S 是随机变量,可用于估计过程均值 μ 和过程标准差 σ。过程能力指标是过程均值 μ 和过程标准差 σ 的函数,对于服从一定分布的受控过程,在过程能力指标的表达式中,用样本均值 $\overline{X}$ 和样本方差 S 分别取代过程均值 μ 和过程标准差 σ,可得过程能力指标的自然估计量。随机受控过程的过程能力指标的自然估计量是统计量,可分别为其建立置信限和分布函数。

2.2 过程能力的估计量及其分布函数

2.2.1 过程合格品率的估计量及其置信下限

用分布函数对受控过程数据进行拟合,确认受控过程是随机过程,则可以用相应的分布函数对过程合格品率进行估计。对于服从正态分布的受控过程,简称正态过程。用样本方差 S 和样本均值 $\overline{X}$ 分别估计过程标准差 σ 和过程均值 μ,其中 $\overline{X} = \frac{1}{n} \sum_{i=1}^{n} x_i$,$S = \sqrt{\frac{1}{n-1} \sum_{i=1}^{n} (x_i - \overline{x})^2}$,$n$ 为样本尺寸,可得基于样本的过程合格品率为

$$\hat{p} = \Phi\left(\frac{\text{USL} - \overline{X}}{S}\right) - \Phi\left(\frac{\text{LSL} - \overline{X}}{S}\right) \tag{2-14}$$

令 $K_1 = \dfrac{\overline{X} - \text{LSL}}{S}$,$K_2 = \dfrac{\text{USL} - \overline{X}}{S}$,式(2-14)可以记为

$$\hat{p}_c = \Phi(K_2) - \Phi(-K_1) \tag{2-15}$$

Kotz 和 Johnson[134] 指出 $\hat{p}_c$ 有偏。Wheeler[17] 针对单边公差,建立了 $\hat{p}_{\text{USL}}$($\hat{p}_{\text{USL}} = 1 - p_{\text{USL}}$)的一致最小方差无偏估计(UMVUE)。

$$\hat{p}_{\text{USL}} = \begin{cases} 0, & K_2 \leqslant -(n-1)/\sqrt{n} \\ 1, & K_2 \geqslant (n-1)/\sqrt{n} \\ T_{n-2}\left[\dfrac{K_2 \sqrt{n(n-2)}}{(n-1)^2 - nK_2^2}\right], & \text{其他} \end{cases} \tag{2-16}$$

式中,$T_{n-2}(\cdot)$ 是 $n-2$ 的 t 分布的累积分布函数(Cumulative Distribution Function,CDF)。用同样的方法,可以获得 $\hat{p}_{\text{LSL}}$ 的 UMVUE。

考虑 p_c 的一个无偏估计:

$$I(X_1) = \begin{cases} 1, & \text{LSL} < X_1 < \text{USL} \\ 0, & \text{其他} \end{cases} \tag{2-17}$$

根据 Blackwell-Rao 的理论(Mood,Graybill 和 Boes[135]),可得 p_c 的 UMVUE:

$$\hat{p}_{c(\text{UMVUE})} = E[I(X_1) \mid \overline{X}, S] \tag{2-18}$$

依据 Johnson 和 Kotz[136] 和 Wheeler[17] 的观点,Wang 和 Lam[18] 指出

$$\hat{p}_{c(\text{UMVUE})} = \hat{p}_{\text{USL}} - \hat{p}_{\text{LSL}} \qquad (2-19)$$

为克服建立 $\hat{p}_{c(\text{UMVUE})}$ 的过程的复杂性，Wang 和 Lam[18] 提出用极大似然估计（MMLEs）近似估计 $\hat{p}_{c(\text{UMVUE})}$。以下的四种极大似然估计被考虑：

$$\hat{p}_{c(\text{UMVUE})} = \Phi\left(\sqrt{\frac{n}{n-1}}K_2\right) - \left(\sqrt{\frac{n}{n-1}}K_1\right) \qquad (2-20)$$

$$\hat{p}_{c(\text{UMVUE})} = \Phi(K_2) - \Phi(-K_1) \qquad (2-21)$$

$$\hat{p}_{c(\text{UMVUE})} = \Phi(c_3 K_2) - \Phi(c_3 K_1) \qquad (2-22)$$

式中，$c_1 = \sqrt{2}\Gamma(n/2)/\sqrt{n-1}\Gamma(n-1)/2$，$\Gamma(\cdot)$ 是伽马函数，则有

$$\hat{p}_{c(\text{MMLE4})} = \Phi(c_4 K_2) - \Phi(-c_4 K_1) \qquad (2-23)$$

式中，$c_4 = \sqrt{2}\Gamma[(n-1)/2]/[\sqrt{n-1}\Gamma((n-2)/2))]$。

用均方根误差 E_{K_1,K_2} 将四种似然估计和 UMVUE 进行对比，Wang 和 Lam[18] 发现对于所有 K_1 和 K_2 取值组合和各种样本量取值，$\hat{p}_{c(\text{MMLE1})}$ 都最接近 UMVUE。因此，令 $\hat{p}_c = \hat{p}_{c(\text{MMLE1})}$，得到

$$\hat{p}_c = \Phi\left(\sqrt{\frac{n}{n-1}}K_2\right) - \Phi\left(\sqrt{\frac{n}{n-1}}K_1\right) \qquad (2-24)$$

实践中，p_c 值越大越好，但不能低于给定值，给定值一般来自于过程控制的质量要求。因此，只需要研究 p_c 的置信下限。Wang 和 Lam[18]，Owen 和 Hua[19]，Chou 和 Owen[20]，Perakis 和 Xekalaki[22] 研究了 p_c 的置信下限。Perakis 和 Xekalaki[22] 对先前的研究进行了改善，提出具有更好覆盖度的置信下限 p_c^*，则有

$$p_c^* = \Phi\left(\frac{1}{\sqrt{n}} + C_1\right) - \Phi\left(\frac{1}{\sqrt{n}} - C_2\right) \qquad (2-25)$$

式中

$$C_1 = \max(K_1, K_2)\left(1 + \frac{1}{n}\right)\sqrt{\frac{x_{n-1,a}^2}{n-1}}$$

$$C_2 = \max(K_1, K_2)\left(1 + \frac{1}{n}\right)\sqrt{\frac{x_{n-1,a}^2}{n-1}}$$

式中，$x_{n-1,a}^2$ 是 $n-1$ 自由度的卡方分布的 α 分位点的值。

从上式可以看出，样本量 n 显著地影响 $\hat{p}_c$ 和 p_c^* 的值。计算 $n = 10(10)500$，$K_1 = 1(0.2)6$ 和 $K_2 = 1(0.2)6$ 的值。结果显示 n 增大时，p_c^* 随之增大。图 2-3(a)(b) 分别是无偏和有偏两种情况下，n 增大时，p_c^* 的增长趋势。

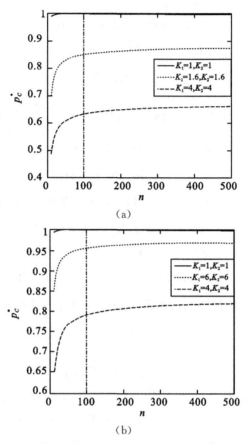

图 2-3 过程中心随 p_c^* 的增长趋势

(a) 无偏 $(K_1 = K_2)$；(b) 有偏 $(K_1 \neq K_2)$

当 $n > 100$ 时，过程能力有偏和无偏两种情况下，p_c^* 增长均明显缓慢。分析随着 n 的增大 p_c^* 的增长速率，可得 n 从 100 增大到 500 时，p_c^* 的增长幅度是 n 从 10 增大到 500 的总增长幅度的 8.5%，即 n 从 0 增大到 100，p_c^* 的增长幅度大约占总增长幅度的 91%。因此，对 p_c^* 进行估计时，初始样本量可取为 $n_0 = 100$。

2.2.2 过程良率指数的估计量与分布函数

对于正态过程，用样本均值 $\overline{x}$ 和样本方差 s 估计过程均值 μ 和过程方差 σ，得到 S_{pk} 的自然估计为

$$\hat{S}_{pk} = \frac{1}{3}\Phi^{-1}\left[\frac{1}{2}\Phi\left(\frac{\mathrm{USL} - \overline{x}}{S}\right) + \frac{1}{2}\Phi\left(\frac{-\overline{x} - \mathrm{LSL}}{S}\right)\right] \qquad (2-26)$$

由于表达式复杂,无法得到 $\hat{S}_{pk}$ 的累积分布函数。根据正态过程的特征,Lee 等对 $\hat{S}_{pk}$ 进行泰勒展开[42],得到 $\hat{S}_{pk}$ 的一阶近似为

$$\hat{S}_{pk} \approx S_{pk} + \frac{1}{6\sqrt{n}} \frac{W}{\phi(3S_{pk})} \tag{2-27}$$

式中,ϕ 是 $N(0,1)$ 的概率密度函数,则有

$$W = \begin{cases} \dfrac{\sqrt{n}}{2} \left[\dfrac{a(s^2 - \sigma^2)}{\sigma} \right] - \sqrt{n} \dfrac{b(\bar{x} - \mu)}{\sigma}, & \mu < M \\[3mm] \dfrac{\sqrt{n}}{2} \left[\dfrac{a(s^2 - \sigma^2)}{\sigma} \right] + \sqrt{n} \dfrac{b(\bar{x} - \mu)}{\sigma}, & \mu > M \end{cases}$$

式中,a,b 分别是 μ,σ 的函数,则有

$$a = \frac{1}{\sqrt{2}} \left\{ \frac{\text{USL} - \mu}{\sigma} \phi \left(\frac{\text{USL} - \mu}{\sigma} \right) + \frac{\mu - \text{LSL}}{\sigma} \phi \left(\frac{\mu - \text{LSL}}{\sigma} \right) \right\}$$

$$b = \phi \left(\frac{\text{USL} - \mu}{\sigma} \right) - \phi \left(\frac{\mu - \text{LSL}}{\sigma} \right)$$

Lee 等证明了 $\hat{S}_{pk}$ 的一阶泰勒展开近似服从正态分布 $N\left[S_{pk}, \dfrac{a^2 + b^2}{36n(\phi(3S_{pk}))^2} \right]$[42],其概率密度函数为

$$f_{\hat{S}_{pk}}(x) = \sqrt{\frac{18n}{\pi}} \frac{\phi(3S_{pk})}{\sqrt{a^2 + b^2}} \exp \left\{ -\frac{18n[\phi(3S_{pk})]^2}{a^2 + b^2} (x - S_{pk})^2 \right\}, \quad -\infty < x < +\infty \tag{2-28}$$

2.2.3　过程能力指数的估计量与分布函数

同理,用样本均值 $\bar{x}$ 和样本方差 s 估计过程均值 μ 和过程标准差 σ,可以得到 C_{pk}, C_{pm}, C_{pmk} 的自然估计。

C_{pk} 的自然估计为

$$\hat{C}_{pk} = \min \left\{ \frac{\text{USL} - \bar{x}}{3s}, \frac{\bar{x} - \text{LSL}}{3s} \right\} \tag{2-29}$$

C_{pm} 的自然估计为

$$\hat{C}_{pm} = \frac{\text{USL} - \text{LSL}}{6\sqrt{s^2 + (\bar{x} - T)^2}} \tag{2-30}$$

C_{pmk} 的自然估计为

$$\hat{C}_{pmk} = \min \left\{ \frac{\text{USL} - \bar{x}}{3\sqrt{s^2 + (\bar{x} - T)^2}}, \frac{\bar{x} - \text{LSL}}{3\sqrt{s^2 + (\bar{x} - T)^2}} \right\} \tag{2-31}$$

研究者给出了正态过程 $\hat{C}_{pk}, \hat{C}_{pm}, \hat{C}_{pmk}$ 自然估计的近似累积分布函数。Pearn 和 Lin 给出了 $\hat{C}_{pk}$ 的累积分布函数：

$$F_{\hat{C}_{pk}}(y) = 1 - \int_0^{b\sqrt{n}} G\left(\frac{(n-1)(b\sqrt{n}-t)^2}{9ny^2}\right) \times [\varphi(t+\xi\sqrt{n}) + \varphi(t-\xi\sqrt{n})]dt$$

$$(2-32)$$

其中，$y > 0, b = (USL - LSL)/(2\sigma), \xi = (\mu - (USL - LSL)/2)/\sigma, G(\cdot)$ 是自由度为 $n-1$ 的卡方分布 χ_{n-1}^2 [39]。

Pearn 和 Lin 建立了 $\hat{C}_{pmk}$ 的累积分布函数，它是卡方分布和正态分布的混合形式[50] 如下：

$$F_{\hat{C}_{pmk}}(y) = 1 - \int_0^{b\sqrt{n}/(1-3y)} G\left(\frac{(b\sqrt{n}-t)^2}{9y^2} - t^2\right)[\varphi(t+\xi\sqrt{n}) + \varphi(t-\xi\sqrt{n})]dt$$

$$(2-33)$$

$\hat{C}_{pm}$ 的累积分布函数也是卡方分布和正态分布的混合形式[52]，如下：

$$F_{\hat{C}_{pm}}(y) = 1 - \int_0^{b\sqrt{n}/(3y)} G\left(\frac{b^2 n}{9y^2} - w^2\right)[\varphi(w+\xi\sqrt{n}) + \varphi(w-\xi\sqrt{n})]dw$$

$$(2-34)$$

2.3 受控过程控制需求

2.3.1 过程控制约束

由于 5M1E 要素的波动，生产过程会产生波动，需要运行过程控制方案进行过程波动监测，对过程波动进行控制。过程控制方案的运行需要同时满足质量、成本、风险等多项过程约束。

质量合格是过程控制的首要目标。生产过程中质量合格的判定包含两层含义：单次加工合格的判定和批次质量合格的判定。对单次加工合格与否进行判定时，将加工结果与标准限进行比较即可。批次质量合格的判定，一般是在生产的同时就完成判定。统计过程控制工具、连续抽样检验等都被用于进行批次质量合格判定和批次质量改善。

成本控制是过程控制的重要任务。成本控制的目标是以合理的成本达成质量需求.过程控制中的成本可根据研究的需要将其分为两类:一是生产运行的成本,这类成本对于生产工序是既定的;二是运行过程控制工具形成的成本,可以通过设计合理的过程控制方案控制这类成本.

风险指过程质量被误判的概率,包括第一类风险和第二类风险:第一类风险指满足质量需求的过程被误判为不合格的概率;第二类风险指不能满足质量需求的过程被误判为合格的概率.两类风险需要同时得到控制.

2.3.2　过程控制需求分析

生产过程一般包含若干过程能力不同的并行或串行加工过程,每个加工过程可能存在不同的质量需求.过程控制需求可概括为两方面:① 保障能力水平不同的加工过程都能够满足质量、成本等约束需求;② 质量、成本、风险等多重约束在过程控制方案运行时能够同时得到满足.

为达到两类控制需求,应针对不同能力水平的串行和并行生产过程,分别结合其过程能力水平,个性化地制定过程控制方案.即过程控制方案应可以根据过程能力水平和约束需求的不同而被调整,以达到既定的控制目标,如质量目标、成本目标等.

服从随机分布的受控过程运行过程控制方案时,首先需要用分布函数对加工数据进行拟合,确认加工数据近似服从某种分布函数,从而确定生产过程是随机过程后,然后再根据分布函数的属性利用加工数据进行统计推断,继而利用统计推断属性建立过程控制方案.

为监控过程波动,控制方案应能够时时测定过程状态,并根据约束需求制定过程状态监控阈值,当过程状态波动超出控制阈值,为保障过程控制指标的一致性,控制方案能够自动调整.

依据过程控制需求,过程控制方案应达到的控制目标如图 2-4 所示.基于过程控制需求的过程控制流程如图 2-5 所示.

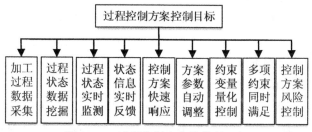

图 2-4　过程控制方案的控制目标

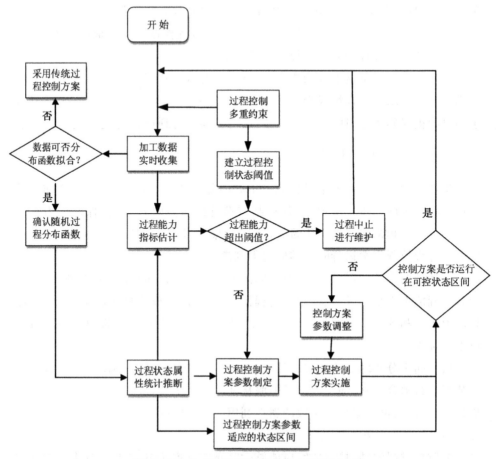

图 2-5　基于过程控制需求的过程控制流程

2.3.3　基于过程能力估计的过程控制

服从随机分布的受控过程,过程能力指标的估计量是统计量,利用统计量的稳定性实现过程状态的实时监测;利用统计量的分布函数建立过程能力指标的置信上限和置信下限,控制过程波动;利用统计量的概率密度函数构建过程状态判定的风险控制方案,量化控制过程状态判定的风险。质量控制的第一类风险和第二类风险,一般不能同时得到控制,但利用过程能力指标估计量的概率密度函数可实现两类风险的同时控制[7]。

可见,基于过程能力指标估计量建立的过程控制方案,能够达到受控过程控制的如下控制目标:加工数据实时采集、过程状态数据挖掘、过程状态实时监测和状态信息实时反馈。

2.4　连续抽样检验满足过程控制需求潜力分析

2.4.1　连续抽样检验过程控制流程

连续抽样检验方案(CSP)是过程质量控制方案,通过修正或者淘汰检验过程中遇到的不合格品,提高过程合格品率,保障过程质量。CSP 将加工过程视为随机过程,假定过程合格品率是常数,通过数学方法(更新过程方法、转移概率流图和马尔可夫方法等)建立方案性能公式,应用性能公式确定满足质量约束的方案参数,根据质量约束和生产批量为受控过程选择检验方案[54-63]。无论过程质量如何波动,CSP 的 AOQL 等值面方案通过连续检验和分数检验的自适应调整,保障过程质量均能够满足质量控制需求。图 2-6 所示为 CSP 的过程质量控制流程。

对比图 2-5 和图 2-6 可知,在检验方案制定阶段,CSP 假定过程不合格品率是常数,该常数不合格品率不是依据加工数据的统计稳定性得到的估计量,而仅仅是假设常量。该常数过程不合格品率与过程状态没有关系。过程状态发生波动时,CSP 方案无法根据过程状态实时调整方案参数,无法监控过程状态波动后方案的控制效果,从而导致 CSP 无法实现对过程的闭环控制。

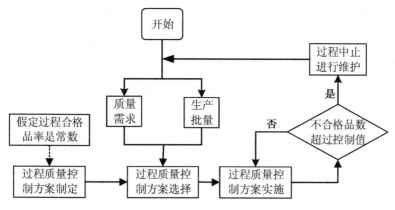

图 2-6　CSP 的过程质量控制流程

CSP 为受控过程选择检验方案时,依据的是生产批量和质量需求,没有考虑受控过程的过程能力水平。受控过程的过程能力是统计稳定的,生产批量变动时,过程能力并不发生变动。在稳定的过程能力下,受控过程的检验方案不应该随着生产批量的变动而发生变动,而应该依据过程能力制定过程质量控制方案。

依据过程能力为受控过程制定过程控制方案,实施控制方案后的过程质量必然是可预测的、可控的。过程能力一定、过程质量可控时,成本的控制即可以实现。运行 CSP 进行过程质量控制时,以连续检验阶段或者分数检验阶段出现的累积次品数作为方案中止的控制参数,该中止规则具有明显的滞后效应,误判风险很大。

对于受控过程控制,CSP 还有以下明显缺陷:

(1) 只能满足质量约束,在方案的制定、选择和实施阶段,均没有考虑成本约束;

(2) 只应用了检验数据的计数信息,计量信息被忽略;

(3) 不能对过程状态做出判断;

(4) 方案参数不能根据过程状态波动而调整。

2.4.2 受控过程连续抽样检验方案选择

为受控过程选择连续抽样检验方案,依据的是生产批量和质量需求。MIL-STD-1235C 和 GB/T 8052—2002 给出了不同生产批量和质量需求组合下,适用的连续抽样检验方案[1-2]。该方案制定策略造成如下结果:过程状态具有统计稳定性的受控过程,当生产批量改变而质量需求不变时,检验方案会随批量改变而改变,对于过程能力不变的受控过程改变其检验方案,会导致实施检验方案后的过程质量发生波动。这违背过程质量控制的终极目标:保持过程质量稳定。另外,为满足节拍等生产需求,同一工序经常有多个并行加工过程,这些过程的过程能力可能不同,但当生产批量相同时,会为这些过程采用相同的检验方案,经过相同的检验方案检验后,多个不同过程能力的并行生产过程的过程质量将合格但无法保持一致。

生产实践中,产品需求的多样化使得企业经常需要应对小批量多批次的生产安排。

例如：根据质量需求 AOQL = 0.000 18 和两个生产批量，某加工工序需要执行不同的 CSP - 1 方案，$(i_1, f_1) = (1\ 540, 0.5)$ 和 $(i_2, f_2) = (6\ 050, 0.1)$。根据产品设计需求，某加工能力稳定的设备被选用，过程数据可用某分布函数拟合良好。根据过程不合格品率估计值 $\hat{p} = 0.001\ 08$。控制方案的 AOQ 函数如图 2 - 7 所示。

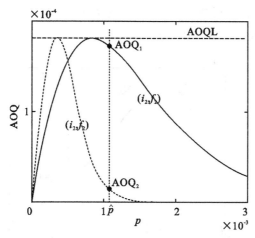

图 2 - 7　同一工序不同生产批量的不同 CSP - 1 方案的 AOQ 曲线

由图 2 - 7 可以看出，人、机器、材料、方法、环境和测量 (5M1E) 不变的生产过程，因为批量变动而变换检验方案，不同的检验方案均能够满足质量控制需求，但过程质量不一致，即：$AOQ_1 < AOQL, AOQ_2 < AOQL$，但是 $AOQ_1 \neq AOQ_2$。实施检验方案后的过程质量合格但不一致，说明依据批量选择检验方案的方法不适合具有统计稳定性的受控过程的过程质量控制，亦说明了依据生产批量为受控过程选择检验方案的不合理性。

过程能力不同的受控过程，并行运行且服务于同一工序，即执行相同的生产任务。假设有 3 个这样的受控过程，均是具备统计稳定性的随机过程，过程不合格品率估计值分别为 $\hat{p}_1 = 0.000\ 9, \hat{p}_2 = 0.001\ 08, \hat{p}_3 = 0.002\ 18$。因生产批量和质量控制需求 AOQL = 0.000 18 相同，而选择相同的检验方案 $(i, f) =$

（1 540,0.5）进行过程质量控制,则 3 个受控过程执行检验方案的 AOQ 函数曲线如图 2-8 所示。

由图 2-8 可知,相同的检验方案作用于 3 个随机过程,执行检验方案后的过程质量合格 $AOQ_1 < AOQL$,$AOQ_2 < AOQL$,$AOQ_3 < AOQL$,但是 $AOQ_1 \neq AOQ_2 \neq AOQ_3$。

依据批量选择检验方案的不足之处,普遍存在于 CSP-1,CSP-2,CSP-V,CSP-T 方案。因此,现行的 CSP 服务于受控过程时,因为在方案的选择和执行阶段没有考虑生产过程运行数据的统计稳定性特征,导致执行 CSP 检验方案后的过程的 p_c 能满足质量控制需求但过程质量不一致。

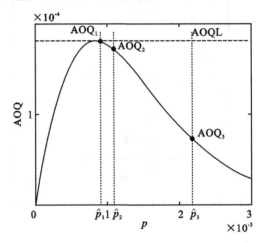

图 2-8　能力不同批量相同时 3 个过程的相同 CSP-1 方案的 AOQ 曲线

2.4.3　连续抽样检验的改进

CSP 方案制定的前提条件是:假定过程合格品率是常数。此假设为面向具备统计稳定性的受控过程制定 CSP 方案提供了条件,因为随机过程的过程合格品率的估计量可视为常数。过程合格品率是连接受控过程控制和 CSP 改进的桥梁。过程合格品率估计量既能实时表达过程状态,又能用于制定 CSP 方案参数。当过程能力发生波动时,可根据过程合格品率的变动判定 CSP 方案的可行性,并及时根据过程状态更新方案参数。CSP 重新设计思路如图 2-9 所示。

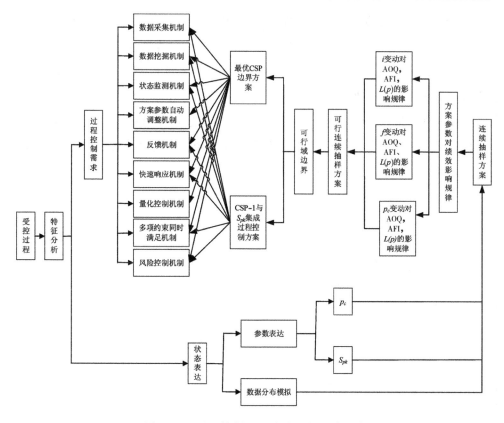

图 2-9 　 过程控制 CSP 方案重新设计思路

CSP 有三类性能函数:平均检出质量 AOQ、长期平均检验数 AFI、接收概率 $L(p)$。AOQ 反映方案的质量控制效果,AOQ 函数将质量约束与过程合格品率直接关联。AFI 反映 CSP 方案造成的检验负担,检验负担与方案运行成本直接相关。因此,AFI 函数直接关联了成本和过程合格品率,即可用于分析特定过程的方案运行成本。$L(p)$ 函数反映了方案运行的风险,将风险与过程状态直接关联。

CSP 的三类性能函数不但量化了 CSP 方案的运行效果,而且使得 CSP 方案与方案运行的质量约束、成本约束和风险约束直接关联。三类性能函数提供的量化关系为三类约束的量化控制提供了条件。

将过程控制的质量约束、成本约束和风险约束转化为性能函数的约束变量,通过性能函数建立起约束变量、方案参数和过程状态之间的量化关系方程组。则过程控制多约束的满足问题,即转化为方程组的优化求解问题。

CSP 方案改进的另外一个优势在于：CSP 方案的运行需要实时进行在线检测。对于计量质量特征，CSP 需要测量质量特征的计量信息，但仅仅利用数据的计数信息驱动方案运行。质量特征数据的计量信息可用于对过程状态做出判断，这为过程状态监控提供了条件。

过程良率指数是与过程合格品率一一对应的过程能力指标。过程良率指数的分布函数已经建立，可分别基于过程合格品率和过程良率指数估计量，面向受控过程的控制需求重新设计 CSP 控制方案。

第3章　连续抽样检验方案性能

3.1　连续抽样检验方案概述

　　Dodge 提出的 CSP - 1 方案包括两个检验阶段(连续检验和分数检验)和两个转换规则(连续检验转换到分数检验和分数检验转换到连续检验)。CSP - 1 方案有两个参数:连续检验阶段的连续合格品数 i 和分数检验阶段的检验分数 f。CSP - 1 从连续检验开始并计数,如果在连续检验阶段的累积合格品数没有达到 i 时,就遇到不合格品,则继续连续检验并从 0 开始计数,直到累积连续合格品数达到 i,则转到分数检验阶段。分数检验阶段即每 $1/f$ 个产品检验一个产品,一旦遇到不合格品,立即返回到全检[2]。CSP - 1 的运行程序如图 3 - 1 所示。

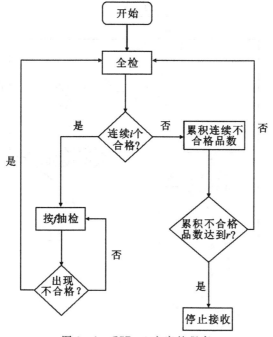

图 3 - 1　CSP - 1 方案的程序

CSP-1在分数检验阶段发现一个不合格品后,立即返回全检,这对于过程能力较高或偏低过程的控制造成不必要的检验成本。即当过程能力超过过程质量控制需求时,即使发现次品,如果能确认过程能力稳定,是不必要进行全检的;而当过程能力太低时,频繁返回全检,从成本角度是不经济的。当过程质量被判断可能恶化,或者过程质量水平相比于质量需求较低时,需要执行加严检验。通过限制连续检验阶段的次品数或者限制连续检验总数长度,可实现单水平CSP方案的加严。多水平方案的加严有两个途径:一是在连续检验阶段加严;二是从较小的检验分数直接跃迁到较高的检验分数甚至全检阶段,实现加严。当过程能力水平相比于质量需求较高时,一系列放宽的CSP方案被提出用于其过程的监控。

鉴于CSP-1的不足,出现了各种改进的CSP方案,主要包括CSP-2,CSP-T,CSP-V。美国军标(MIL-STD-1235C)[1]和我国国标GB/T 8052—2002[2]都选用具有代表性的四类检验方案CSP-1,CSP-2,CSP-T和CSP-V作为连续抽样检验方案。

CSP-2在分数阶段发现不合格品时,不立即返回全检,而是继续分数检验并计数,如果分数检验阶段的连续合格品数能够能达到规定的数量要求,则继续分数检验,否则,返回全检。CSP-2运行程序如图3-2所示。

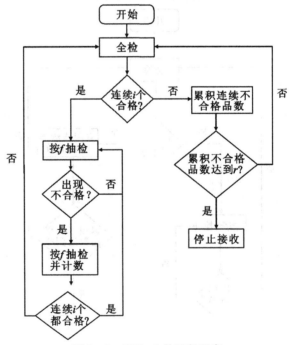

图3-2　CSP-2的运行程序

　　CSP-V 是单水平的连续抽样程序,是在 CSP-1 的基础上进行了放宽。在分数检验阶段,当发现不合格品时,CSP-V 要求全检 $b(b<i)$ 个产品,b 个连续产品都合格,则继续分数检验,全检 b 阶段出现不合格品,则返回全检 i 个产品的连续检验阶段。CSP-V 的运行程序如图 3-3 所示。

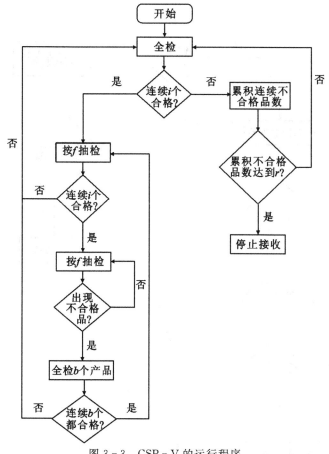

图 3-3　CSP-V 的运行程序

　　CSP-T 是放宽的连续抽样方案。CSP-T 在分数检验阶段放宽检验要求,规定当分数检验阶段的累积连续合格品数达到一定数量时,则以一定的规则连续降低检验分数。在任何水平的分数检验阶段,只要遇到不合格品,则返回全检。CSP-T 较好地解决了质量较高的加工过程的过程控制问题。CSP-T 的运行程序如图 3-4 所示。

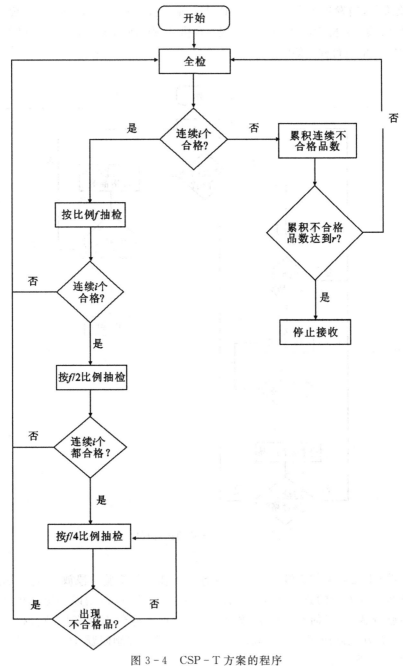

图 3 - 4   CSP - T 方案的程序

图 3-1～图 3-4 中,参数 r 是终止参数:当连续检验阶段的不合格品数超过 r,但依然没有出现连续 i 个产品合格时,终止生产。

3.2 连续抽样检验性能指标和方案参数

3.2.1 性能指标和性能函数

CSP 方案有 3 个性能指标:AOQ,AFI,$L(p)$。AOQ 是指检验后的输出单元中的不合格品数占所有输出单元的比例。AFI 是指输出单元中被检验数占所有输出单元的比例。$L(p)$ 指加工过程被接收的概率,被定义为分数检验阶段的单元数占总生产单元数的比例。3 个性能指标 AOQ,AFI 和 $L(p)$ 是过程合格品率、连续合格品数和检验分数的函数。

CSP-1 的 3 个性能函数为[2]

$$\text{AOQ}_1(i,f,p_c) = (1-f)pp_c^i/(f+(1-f)p_c^i) \qquad (3-1)$$

$$\text{AFI}_1 = (i,f,p_c) = f/(f+1-f)p_c^i \qquad (3-2)$$

$$L_1(p_c) = p_c^i/(f+(1-f)p_c^i) \qquad (3-3)$$

式中,p_c 是过程合格品率,$p_c = 1-p, 0 < p < 1, 0 < f < 1, i > 0, i$ 只取正整数。

CSP-2 的 3 个性能函数[2] 为

$$\text{AOQ}_2(i,f,p_c) = [p(1-f)p_c^i(2-p_c^i)]/[f(1-p_c^i)^2+p_c^i(2-p_c^i)]$$
$$(3-4)$$

$$\text{AFI}_2(i,f,p_c) = f[(1-p_c^i)^2+p_c^i(2-p_c^i)]/[f(1-p_c^i)^2+p_c^i(2-p_c^i)]$$
$$(3-5)$$

$$L_2(p_c) = p_c^i(2-p_c^i)/[f(1-p_c^i)^2+p_c^i(2-p_c^i)] \qquad (3-6)$$

CSP-V 的 3 个性能函数[2] 为

$$\text{AOQ}_V(i,f,p_c) = (1-f)pp_c^i/[f+(1-f)p_c^i-fp_c^{(i+b)}+fp_c^{2i}] \qquad (3-7)$$

$$\text{AFI}_V(i,f,p_c) = f(1-p_c^{(i+b)}+p_c^{2i})/[f+(1-f)p_c^i-fp_c^{(i+b)}+fp_c^{2i}]$$
$$(3-8)$$

$$L_V(p_c) = p_c^i/[f+(1-f)p_c^i-fp_c^{(i+b)}+fp_c^{2i}] \qquad (3-9)$$

CSP-T 的 3 个性能函数[2]:

$$\text{AOQ}_T(i,f,p_c) = p[(1-f)p_c^i+p_c^{2i}+2p_c^{3i}]/[f+(1-f)p_c^i+p_c^{2i}+2p_c^{3i}]$$
$$(3-10)$$

$$\text{AFI}_T(i,f,p_c) = f/[f+(1-f)p_c^i+p_c^{2i}+2p_c^{3i}] \qquad (3-11)$$

$$L_T(p_c) = (p_c^i + p_c^{2i} + 2p_c^{3i})/[f + (1-f)p_c^i + p_c^{2i} + 2p_c^{3i}] \quad (3-12)$$

由 AOQ 和 AFI 的定义可知,对于 CSP - 1, CSP - 2, CSP - T, CSP - V 四类 CSP 方案,均满足 AFI $= 1 -$ AOQ$/p$。从式 (3 - 1) 和式 (3 - 2),式 (3 - 4) 和式 (3 - 5),式 (3 - 7) 和式 (3 - 8),式 (3 - 10) 和式 (3 - 11),也可以证明得到 AFI $= 1 -$ AOQ$/p$。

3.2.2　方案参数

所有的 CSP 方案,运作程序不同,但方案参数的制定原理相同:在平均检出质量极限等值面(AOQL 等值面)上选择检验方案。这些方案被称为 AOQL 等值面方案, AOQL 等值面方案的 AOQ 曲线如图 3 - 5 所示,该曲线的最大特点是 $\max(\text{AOQ}) = \text{AOQL}$。将 $\max(\text{AOQ}) = \text{AOQL}$ 发生的点记为 p_L。当过程不合格品率 p 从 0 增大到 p_L 时,检验方案 (i, f) 的 AOQ 值逐渐从 0 增大到 AOQL; p 从 p_L 增大到 1 时, AOQ 值逐渐减小到 0。Dodge 类型 CSPs 方案的 AOQ 曲线都遵循这个变化规律。

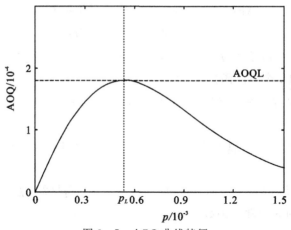

图 3 - 5　AOQ 曲线特征

对于特定的质量需求 AOQL, AOQL 等值面方案有无穷多个。图 3 - 6 所示为在 3 种质量需求:(a)AOQL $= 0.000\,18$,(b)AOQL $= 0.001\,43$,(c)AOQL $= 0.012\,2$ 下,满足每个质量需求的 (i, f, p_L) 组合形成的曲线。3 种质量需求 AOQL $= 0.000\,18, 0.001\,43, 0.012\,2$ 分别代表了较高的质量需求、中等的质量需求和较低的质量需求。从图 3 - 6 可以看出,随着 p_L 增大, i 的值降低, f 值增大。高中低三种质量需求下, (i, f, p_L) 曲线均具有两个拐点, p_L 值较低时, i 的值迅速降低;在 p_L 值的第一个拐点后, i 的值降低速度减小, f 值迅速增大;在 p_L 值的第二个拐点后,i 的值和 f 的值都缓慢降低。

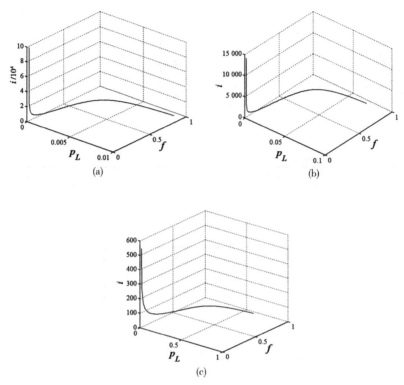

图 3 - 6　三类质量需求下 CSP - 1 的 AOQL 等值面方案(i,f) 组合曲线

(a)AOQL $= 0.000\ 18$；(b)AOQL $= 0.001\ 43$；(c)AOQL $= 0.012\ 2$

3.3　方案参数对性能的影响

3.3.1　性能曲线及其变动规律

当(i,f) 为定值,p 变动时三类性能函数的变动规律,形成性能曲线。针对 CSP - 1,CSP - 2,CSP - T,CSP - V 四类 CSP 方案,在特定质量需求 AOQL $= 0.000\ 18$,检验分数分别为 $f_1 = 0.5$,$f_2 = 0.01$,$f_3 = 0.005$ 三种情况下,分别建立各类方案的 AOQL 等值面方案,(i_1,f_1),(i_2,f_2) 和 (i_3,f_3),并用图示法分别分析三类性能指标 AOQ,AFI,$L(p)$ 的函数曲线。

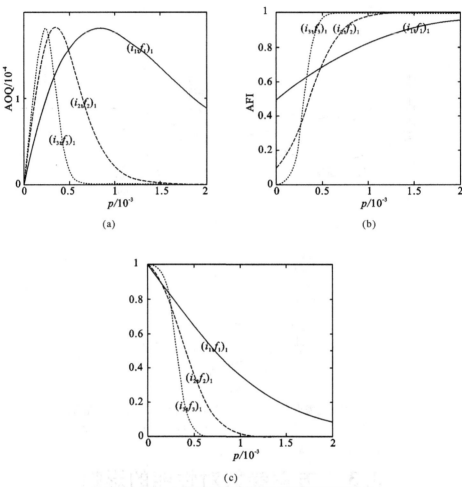

图 3-7　CSP-1 三个 AOQL 等值面方案性能函数曲线
(a)AOQ；(b)AFI；(c)$L(p)$

1. CSP-1 方案

在 CSP-1 中，$f_1 = 0.5, f_2 = 0.01, f_3 = 0.005$ 三种情况下的 AOQL 等值面方案分别是：$(i_1, f_1)_1 = (1\ 540, 0.5), (i_2, f_2)_1 = (6\ 050, 0.01), (i_3, f_3)_1 = (17\ 420, 0.005)$。图 3-7 所示为 3 个方案的 $AOQ, AFI, L(p)$ 的性能曲线。

2. CSP-2 方案

在 CSP-2 中，$f_1 = 0.5, f_2 = 0.01, f_3 = 0.005$ 三种情况下的 AOQL 等值面方案分别是：$(i_1, f_1)_2 = (2\ 368, 0.5), (i_2, f_2)_2 = (17\ 423, 0.01), (i_3, f_3)_2 = (20\ 437, 0.005)$。图 3-8 所示为 3 个方案的 $AOQ, AFI, L(p)$ 的性能曲线。

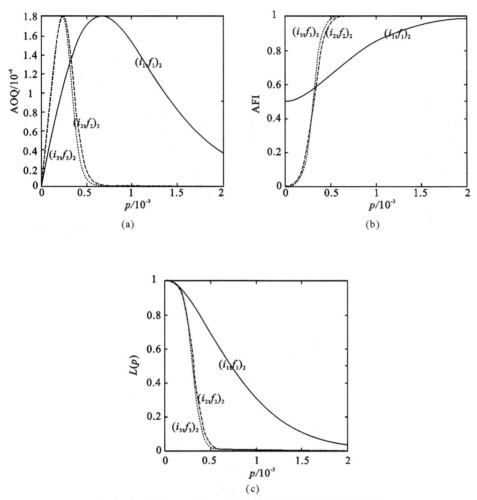

图 3-8　CSP-2 三个 AOQL 等值面方案性能函数曲线

(a)AOQ；(b)AFI；(c)$L(p)$

3. CSP-V 方案

在 CSP-V 中，$f_1 = 0.5$，$f_2 = 0.01$，$f_3 = 0.005$ 三种情况下的 AOQL 等值面方案分别是：$(i_1, f_1)_2 = (1\ 687, 0.5)$，$(i_2, f_2)_2 = (14\ 629, 0.01)$，$(i_3, f_3)_2 = (17\ 491, 0.005)$。图 3-9 所示为 CSP-V 3 个方案的 AOQ, AFI, $L(p)$ 的性能曲线。

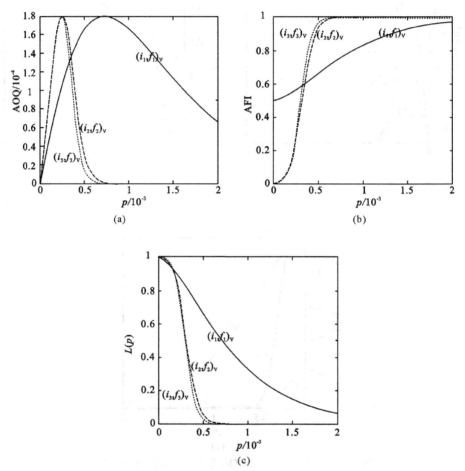

图 3 - 9　CSP - Ⅴ三个 AOQL 等值面方案的性能函数曲线

(a)AOQ；(b)AFI；(c)$L(p)$

4. CSP - T 方案

在 CSP - T 中，$f_1 = 0.5$，$f_2 = 0.01$，$f_3 = 0.005$ 情况下的 AOQL 等值面方案分别是：$(i_1, f_1)_2 = (2\ 533, 0.5)$，$(i_2, f_2)_2 = (14\ 707, 0.01)$，$(i_3, f_3)_2 = (17\ 540, 0.005)$。图 3 - 10 所示为 CSP - T 3 个方案的 AOQ，AFI，$L(p)$ 的绩效曲线。

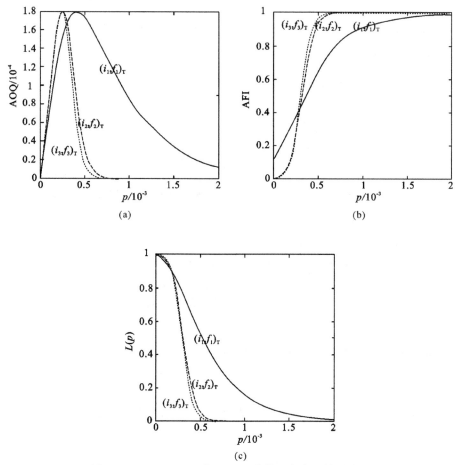

图 3 - 10　CSP - T 三个 AOQL 等值面方案的绩效曲线

(a)AOQ；(b)AFI；(c)$L(p)$

从图 3 - 7 ～ 图 3 - 10 可以看出，四类方案的 AOQL 等值面方案，f 值减小时，i 的值增大。f 减小到同样大小时，例如 f 从 0.5 减小到 0.01，i 增大的速度不同。其中，CSP - 1 的 i 值增幅较慢，CSP - 2，CSP - V，CSP - T 的 i 值增幅均较快。

四类方案的 AOQL 等值面方案对应的 p_L 值，均是随着 f 的减小和 i 的增大而向右移动，即 AOQ 曲线的极值点随着 f 的减小和 i 的增大右移。

AFI 曲线显示，AFI 值均是随着 p 的增大而逐渐增大，并无限接近 1 的。随着 AOQL 等值面方案中的 f 值降低，AFI 曲线斜率增大。

OC 曲线显示,接收概率均是随着 p 增大逐渐降低,并无限接近于 0 的。随着 AOQL 等值面方案中的 f 值降低,OC 曲线斜率增大。

3.3.2 性能函数随方案参数变动规律分析

将 f 和 p 视为常数,分别分析 CSP-1,CSP-2,CSP-T 和 CSP-V 四类方案 i 对 AOQ 的影响规律。

1. CSP-1 方案

将式(3-1)对 i 求导,可得

$$\frac{\partial AOQ_1}{\partial i} = \frac{f(1-f)pp_c^i \lg p_c^i}{[f+(1-f)p_c^i]^2} \tag{3-13}$$

因为 $\lg p_c^i < 0$,所以 $\partial AOQ_1/\partial i < 0$,即随着 i 增大,AOQ 降低。

2. CSP-2 方案

将式(3-4)对 i 求导,可得

$$\frac{\partial AOQ_2}{\partial i} = \frac{2fp(1-p_c^i)(1-f)p_c^i \lg p_c}{[f+(f-1)pp_c^{2i}-2fp_c^i+2p_c^i]^2} \tag{3-14}$$

因为 $\lg p_c < 0,\partial AOQ_2/\partial i < 0$,即随着 i 增大,AOQ 降低。

3. CSP-V 方案

取 $b = i/3$,将式(3-7)对 i 求导,可得

$$\frac{\partial AOQ_V}{\partial i} = \frac{fp(1-f)p_c^i(p_c^{4i/3}-2p_c^{2i}+3)\lg p_c}{3[f+fp_c^{2i}-fp_c^{4i/3}-fp_c^i+p_c^i]^2} \tag{3-15}$$

因为 $\lg p_c < 0,\partial AOQ_V/\partial i < 0$,即随着 i 增大,AOQ 降低。

4. CSP-T 方案

将式(3-10)对 i 求导,可得

$$\frac{\partial AOQ_T}{\partial i} = p \lg p_c \frac{f(xp_c^{2i}+6p_c^{3i}+(1-f)p_c^i)}{[f+p_c^i(1-f)+p_c^{2i}+2p_c^{2i}]^2} \tag{3-16}$$

因为 $\lg p_c < 0,\partial AOQ_T/\partial i < 0$,即随着 i 增大,AOQ 降低。

CSP-1,CSP-2,CSP-T 和 CSP-V 四类方案,当 f 和 p 为定值时,AOQ 均随着 i 的增大而降低。

将 i 和 p 视为常数,分别分析 CSP-1,CSP-2,CSP-T 和 CSP-V 四类方案 f 变动对 AOQ 的影响规律如下为

1. CSP-1 方案

将式(3-1)对 f 求导,可得

$$\frac{\partial \mathrm{AOQ}_1}{\partial f} = \frac{- pp_c^i}{[f + (1 - f) p_c^i]^2} \tag{3-17}$$

$\partial \mathrm{AOQ}_1 / \partial f < 0$，即随着 f 增大，AOQ 降低。

2. CSP - 2 **方案**

将式(3-4) 对 f 求导，可得

$$\frac{\partial \mathrm{AOQ}_2}{\partial f} = - \frac{p(2 - p_c^i) p_c^i}{[f + (f - 1) p_c^{2i} - 2 f p_c^i + 2 p_c^i]^2} \tag{3-18}$$

$\partial \mathrm{AOQ}_2 / \partial f < 0$，即随着 f 增大，AOQ 降低。

3. CSP - V **方案**

将式(3-7) 对 f 求导，可得

$$\frac{\partial \mathrm{AOQ}_V}{\partial f} = - \frac{pp_c^i (p_c^{2i} - p_c^{4i/3} + 1)}{(f + f p_c^{2i} - f p_c^{4i/3} - f p_c^i + p_c^i)^2} \tag{3-19}$$

$\partial \mathrm{AOQ}_V / \partial f < 0$，即随着 f 增大，AOQ 降低。

4. CSP - T **方案**

将式(3-10) 对 f 求导，可得

$$\frac{\partial \mathrm{AOQ}_T}{\partial f} = - pp_c^i \frac{1 + p_c^i + 2 p_c^{2i}}{[f + (1 - f) p_c^i + p_c^{2i} + 2 p_c^{3i}]^2} \tag{3-20}$$

$\partial \mathrm{AOQ}_T / \partial f < 0$，即随着 f 增大，AOQ 降低。

CSP - 1，CSP - 2，CSP - T 和 CSP - V 四类方案，当 i 和 p 为定值时，AOQ 均随着 f 的增大而降低。

将 f 和 p 视为常数，分别分析 CSP - 1，CSP - 2，CSP - T 和 CSP - V 四类方案 i 对 AFI 的影响规律。

1. CSP - 1 **方案**

将式(3-2) 对 i 求导，可得

$$\frac{\partial \mathrm{AFI}_1}{\partial i} = - \frac{f(1 - f) p_c^i \lg p_c}{[f + (1 - f) p_c^i]^2} \tag{3-21}$$

因为 $\lg p_c < 0$，所以 $\partial \mathrm{AFI}_1 / \partial i > 0$，即随着 i 增大，AFI 增大。

2. CSP - 2 **方案**

将式(3-5) 对 i 求导，可得

$$\frac{\partial \mathrm{AFI}_2}{\partial i} = - \frac{2 f p_c^i (1 - p_c^i)(1 - f) \lg p_c}{[f + 2 p_c^i - (1 - f) p_c^{2i} - 2 f p_c^i]^2} \tag{3-22}$$

因为 $\lg p_c < 0$，$\partial \mathrm{AFI}_2 / \partial i > 0$，即随着 i 增大，AFI 增大。

3. CSP - V 方案

取 $b = i/3$，将式(3-8)对 i 求导，可得

$$\frac{\partial \mathrm{AFI_V}}{\partial i} = \frac{3 - (1-f)fp_c^{7i/3}\lg p_c - 3p_c^{2i}}{3\left[f + (1-f)p_c^i + fp_c^{2i} - fp_c^{4i/3}\right]^2} \qquad (3-23)$$

显然，$\partial \mathrm{AFI_V}/\partial i > 0$，即随着 i 增大，AFI 增大。

4. CSP - T 方案

将式(3-11)对 i 求导，可得

$$\frac{\partial \mathrm{AFI_T}}{\partial i} = -\frac{f(1 - f + 6p_c^{2i} + 2p_c^i)p_c^i\lg p_c}{\left[f + (1-f)p_c^i + p_c^{2i} + 2p_c^{3i}\right]^2} \qquad (3-24)$$

因为 $\lg p_c < 0$，$\partial \mathrm{AFI_T}/\partial i > 0$，即随着 i 增大，AFI 增大。

CSP-1，CSP-2，CSP-T 和 CSP-V 四类方案，当 f 和 p 为定值时，AFI 均随着 i 的增大而增大。

将 i 和 p 视为常数，分别分析 CSP-1，CSP-2，CSP-T 和 CSP-V 四类方案 f 对 AFI 的影响规律。

1. CSP - 1 方案

将式(3-2)对 f 求导，可得

$$\frac{\partial \mathrm{AFI_1}}{\partial f} = \frac{p_c^i}{\left[f + (1-f)p_c^i\right]^2} \qquad (3-25)$$

显然，$\partial \mathrm{AFI_1}/\partial f > 0$，即随着 f 增大，AFI 增大。

2. CSP - 2 方案

将式(3-5)对 f 求导，可得

$$\frac{\partial \mathrm{AFI_2}}{\partial f} = \frac{p_c^i(2 - p_c^i)}{\left[f + 2p_c^i - (1-f)p_c^{2i} - 2fp_c^i\right]^2} \qquad (3-26)$$

$\partial \mathrm{AFI_2}/\partial f > 0$，即随着 f 增大，AFI 增大。

3. CSP - V 方案

取 $b = i/3$，将式(3-8)对 f 求导，可得

$$\frac{\partial \mathrm{AFI_V}}{\partial f} = \frac{p_c^i(p_c^{2i} - p_c^{4i/3} + 1)}{\left[f + (1-f)p_c^i + fp_c^{2i} - fp_c^{4i/3}\right]^2} \qquad (3-27)$$

显然，$\partial \mathrm{AFI_V}/\partial f > 0$，即随着 f 增大，AFI 增大。

4. CSP - T 方案

将式(3-11)对 f 求导，可得

$$\frac{\partial \text{AFI}_\text{T}}{\partial f} = \frac{p_c^i(p_c^i + 2p_c^i + 1)}{\left[f + (1-f)p_c^i + p_c^{2i} + 2p_c^{3i}\right]^2} \tag{3-28}$$

$\partial \text{AFI}_\text{T}/\partial F > 0$，即随着 f 增大，AFI 增大。

CSP - 1，CSP - 2，CSP - T 和 CSP - V 四类方案，当 i 和 p 为定值时，AFI 均随着 f 的增大而增大。

将 f 和 p 视为常数，分别分析 CSP - 1，CSP - 2，CSP - T 和 CSP - V 四类方案 i 对 $L(p)$ 的影响规律。

1. CSP - 1 方案

将式（3 - 3）对 i 求导，可得

$$\frac{\partial L(p)_1}{\partial i} = \frac{f p_c^i \lg p_c}{\left[f + (1-f)p_c^i\right]^2} \tag{3-29}$$

因为 $\lg p_c < 0$，所以 $\partial L(p)_1/\partial i < 0$，即随着 i 增大，$L(p)$ 减小。

2. CSP - 2 方案

将式（3 - 6）对 i 求导，可得

$$\frac{\partial L(p)_2}{\partial i} = \frac{2 f p_c^i(1 - p_c^i)\lg p_c}{\left[f + 2p_c^i - (1-f)p_c^{2i} - 2f p_c^i\right]^2} \tag{3-30}$$

因为 $\lg p_c < 0$，$\partial L(p)_2/\partial i < 0$，即随着 i 增大，$L(p)$ 减小。

3. CSP - V 方案

取 $b = i/3$，将式（3 - 9）对 i 求导，可得

$$\frac{\partial L(p)_\text{V}}{\partial i} = \frac{f(p_c^{4i/3} - 3p_c^{2i} + 3)p_c^i \lg p_c}{3\left[f + (1-f)p_c^i + f p_c^{2i} - f p_c^{4i/3}\right]^2} \tag{3-31}$$

因为 $\lg p_c < 0$，$\partial L(p)_\text{V}/\partial i < 0$，即随着 i 增大，$L(p)$ 减小。

4. CSP - T 方案

将式（3 - 12）对 i 求导，可得

$$\frac{\partial L(p)_\text{T}}{\partial i} = \frac{f(2p_c^i + 5p_c^{2i} - 4p_c^{3i} + 1)p_c^i \lg p_c}{\left[f + (1-f)p_c^i + p_c^{2i} + 2p_c^{3i}\right]^2} \tag{3-32}$$

因为 $\lg p_c < 0$，$\partial L(p)_\text{T}/\partial i < 0$，即随着 i 增大，$L(p)$ 减小。

CSP - 1，CSP - 2，CSP - T 和 CSP - V 四类方案，当 f 和 p 为定值时，$L(p)$ 均随着 i 的增大而减小。

将 i 和 p 视为常数，分别分析 CSP - 1，CSP - 2，CSP - T 和 CSP - V 四类方案 f 对 $L(p)$ 的影响规律。

1. CSP - 1 方案

将式(3-3)对 f 求导,可得

$$\frac{\partial L(p)_1}{\partial f} = -\frac{p_c^i(1-p_c^i)}{[f+(1-f)p_c^i]^2} \tag{3-33}$$

显然,$\partial L(p)_1/\partial f < 0$,即随着 f 增大,$L(p)$ 降低。

2. CSP - 2 方案

将式(3-6)对 f 求导,可得

$$\frac{\partial L(p)_2}{\partial f} = -\frac{p_c^i(2-p_c^i)(p_c^i-1)^2}{[f+2p_c^i-(1-f)p_c^{2i}-2fp_c^i]^2} \tag{3-34}$$

显然,$\partial L(p)_2/\partial f < 0$,即随着 f 增大,$L(p)$ 降低。

3. CSP - V 方案

取 $b = i/3$,将式(3-9)对 f 求导,可得

$$\frac{\partial L(p)_V}{\partial f} = \frac{p_c^i(p_c^i - p_c^{2i} + p_c^{4i/3} - 1)}{[f+(1-f)p_c^i+fp_c^{2i}-fp_c^{4i/3}]^2} \tag{3-35}$$

显然,$\partial L(p)_V/\partial f < 0$,即随着 f 增大,$L(p)$ 降低。

4. CSP - T 方案

将式(3-12)对 f 求导,可得

$$\frac{\partial L(p)_T}{\partial f} = -\frac{p_c^i(1-p_c^i)(p_c^i+2p_c^{2i}+1)}{[f+(1-f)p_c^i+fp_c^{2i}+2p_c^{3i}]^2} \tag{3-36}$$

显然,$\partial L(p)_T/\partial f < 0$,即随着 f 增大,$L(p)$ 降低。

CSP - 1,CSP - 2,CSP - T 和 CSP - V 四类方案,当 i 和 p 为定值时,$L(p)$ 均随着 f 的增大而降低。

第4章 连续抽样检验方案的参数边界

4.1 参数边界存在性论证

受控过程具有统计稳定性,代表过程能力的统计量可用过程数据(即样本数据)进行估计。过程能力指标的自然估计量即表达过程状态的统计量,服从随机分布的特定受控过程。过程能力指标的自然估计量不但能够表达过程状态,且可用其对过程状态属性进行统计推断。如:服从正态分布的受控过程,其过程合格品率可根据正态分布函数的属性进行估计,过程合格品率的自然估计量是统计量,可建立其估计量的给定置信水平的置信下限,利用过程合格品率估计量的置信下限控制过程波动,保障过程质量的一致性。

过程合格品率是唯一与连续抽样检验性能函数直接关联的过程能力指标,因为过程合格品率是 CSP 性能函数的自变量之一。对于服从特定分布的受控过程,将 CSP 性能函数中的过程合格品率用受控过程的过程合格品率估计量替代,如将式(3-1)~式(3-3)中的 p 和 p_c 用 $\hat{p}$ 和 $\hat{p}_c$ 替代,可得到如下公式:

$$\mathrm{AOQ}_1(i,f,\hat{p}_c) = (1-f)\hat{p}\hat{p}_c^i/(f+(1-f)\hat{p}_c) \tag{4-1}$$

$$\mathrm{AFI}_1(i,f,\hat{p}_c) = f/(f+(1-f)\hat{p}_c^i) \tag{4-2}$$

$$L_1(i,f,\hat{p}_c) = \hat{p}_c^i/(f+(1-f)\hat{p}_c^i) \tag{4-3}$$

由式(4-1)~式(4-3)可知,含有过程合格品率估计量的性能函数,可理解为当过程状态波动(过程合格品率估计量变动)时,特定检验方案下过程性能指标的变动。此时,式(4-1)~式(4-3)的作用与式(3-1)~式(3-3)有以下本质区别:

(1)式(3-1)~式(3-3)中的过程合格品率是假设常量,与受控过程的过程能力没有关系。式(4-1)~式(4-3)中的过程合格品率是过程能力的估计量,过程状态的波动会导致过程合格品率估计量的变动。当连续抽样检验方案固定,即方案参数 i 和 f 固定时,过程合格品率估计量的变动会导致方案性能参数的变动。此时,性能参数的变动可视为特定检验方案对过程控制的效果的变动。作为假设常量的过程合格品率,不能反映过程波动造成的特定检验方案的控制效果的变动。

(2)特定过程能力下检验方案的控制效果,可用式(4-1)～式(4-3)进行量化分析。即在式(4-1)～式(4-3)中,将$\hat{p}$和$\hat{p_c}$视为常数,将方案参数i和f视为变量,当i和f变动时,观察3个性能函数的变动规律,发现适合特定受控过程控制的方案参数i和f的变动规律。即式(4-1)～式(4-3)为面向特定受控过程的连续抽样检验方案的优化提供了条件。这是式(3-1)～式(3-3)无法做到的。

从式(4-1)～式(4-3)与式(3-1)～式(3-3)作用的区别可以看出,p和p_c用$\hat{p}$和$\hat{p_c}$替代后,使得CSP的性能函数成为面向受控过程的控制方案性能指标和方案参数优化函数。在此基础上,根据性能函数建立性能指标与过程控制的约束变量的关联,则可实现满足过程控制约束需求的方案参数的优化。

利用AOQ性能函数与质量约束AOQL和过程状态估计量(过程合格品率估计,$\hat{p_c}$)的关系,建立约束变量与方案参数变量的关系式,分析满足特定受控过程质量约束需求的方案参数变动规律,建立方案参数边界。面向受控过程的连续抽样检验方案参数边界的建立,为受控过程的优化控制提供了条件[13]。

4.2　基于合格品率估计的连续抽样检验方案参数边界

4.2.1　单水平连续抽样检验方案参数边界

服从随机分布的特定受控过程的$\hat{p_c}$可视为常数。受控过程的质量约束为平均检出质量极限AOQL,则CSP-1的AOQ性能函数式(3-1)可以改写为

$$\frac{(1-f)(1-\hat{p_c})\hat{p_c}^i}{f+(1-f)\hat{p_c}^i} \qquad (4-4)$$

分析式(4-4),可以看出,使式(4-4)成立的i和f组合恰能满足特定受控过程的质量约束需求。

由式(3-13)和式(3-17)知,$\partial AOQ_V/\partial i < 0$,$\partial AOQ_1/\partial f < 0$,说明随着方案参数$i$和$f$的增大,AOQ降低。对于给定质量需求AOQL视为常数的情况下,将使得等式(4-4)成立的i和f组合,记为(i_{min}, f_{min}),则等式(4-4)可以改写为

$$\frac{(1-f_{\min})(1-\hat{p}_c)\hat{p}_c^{i_{\min}}}{f_{\min}+(f-f_{\min})\hat{p}_c^{i_{\min}}} \qquad (4-5)$$

任意组合 (i,f)，只要满足 $i \geqslant i_{\min}$ 且 $f \geqslant f_{\min}$，用于控制该特定受控过程时，可得

$$\frac{(1-f)\hat{p}\,\hat{p}_c^{i}}{f+(1-f)\hat{p}_c^{i}} \leqslant \text{AOQL} \qquad (4-6)$$

将满足等式$(4-5)$的$(i_{\min},f_{\min})$组合，称为特定受控过程的 CSP-1 方案参数的边界。$i \geqslant i_{\min}$ 且 $f \geqslant f_{\min}$ 的所有 CSP-1 方案参数组合 (i,f) 称为适合于特定受控过程的 CSP-1 可行连续抽样方案。

4.2.2　加严单水平连续抽样检验方案参数边界

同理，CSP-2 的 AOQ 性能函数式$(3-4)$可以改写为

$$\frac{(1-\hat{p}_c)(1-f)\hat{p}_c^{i}(2-\hat{p}_c)}{f(1-\hat{p}_c^{i})^2+\hat{p}_c^{i}(2-\hat{p}_c)} = \text{AOQL} \qquad (4-7)$$

分析式$(4-7)$，可以看出，使得式$(4-7)$成立的 i 和 f 组合恰能满足特定受控过程的质量约束需求。

由式$(3-14)$和式$(3-18)$，$\partial \text{AOQ}_2/\partial i < 0$，$\partial \text{AOQ}_2/\partial f < 0$，CSP-2 方案的 AOQ 值随着参数 i 和 f 的增大而降低。对于给定质量需求 AOQL，$\hat{p}_c$ 视为常数的情况下，将满足等式$(4-7)$的 i 和 f 组合，记为$(i_{\min},f_{\min})$，则等式$(4-7)$可以改写为

$$\frac{(1-\hat{p}_c)(1-f_{\min})\hat{p}_c^{i_{\min}}(2-\hat{p}_c^{i_{\min}})}{f_{\min}(1-\hat{p}_c^{i_{\min}})^2+\hat{p}_c^{i_{\min}}(2-\hat{p}_c^{i_{\min}})} \qquad (4-8)$$

任意组合(i,f)，只要满足 $i \geqslant i_{\min}$ 且 $f \geqslant f_{\min}$，作用于控制受控过程时，可得

$$\frac{(1-\hat{p}_c)(1-f)\hat{p}_c^{i}(2-\hat{p}_c)}{f(1-\hat{p}_c^{i})^2+\hat{p}_c^{i}(2-\hat{p}_c)} \leqslant \text{AOQL} \qquad (4-9)$$

将满足等式$(4-8)$的$(i_{\min},f_{\min})$组合，称为特定受控过程的 CSP-2 方案参数的边界。满足 $i \geqslant i_{\min}$ 且 $f \geqslant f_{\min}$ 的所有 CSP-2 方案参数组合 (i,f) 称为适合于特定受控过程的 CSP-2 可行连续抽样方案。

4.2.3　放宽单水平连续抽样检验方案参数边界

同理，取 $b = i/3$，CSP-V 的 AOQ 性能函数式$(3-7)$可以改写为

$$\frac{(1-f)(1-\hat{p}_c)\hat{p}_c^{i}}{f+(1-f)\hat{p}_c^{i}-f\hat{p}_c^{4i/3}+f\hat{p}_c^{2i}} = \text{AOQL} \qquad (4-10)$$

分析式(4-10)可以看出,使得式(4-10)成立的 i 和 f 组合,恰能满足特定受控过程的质量约束需求。

由式(3-15)和式(3-19),$\partial \mathrm{AOQ_V}/\partial i < 0$,$\partial \mathrm{AOQ_V}/\partial f < 0$,CSP-V 方案的 AOQ 值随着参数 i 和 f 的增大而降低。对于给定质量需求 AOQL,$\hat{p}_c$ 视为常数的情况下,将满足等式(4-10)的 i 和 f 组合,记为 $(i_{\min}, f_{\min})$,则等式(4-9)可以改写为

$$\frac{(1-f_{\min})(1-\hat{p}_c)\hat{p}_c^{i_{\min}}}{f_{\min}+(1-f_{\min})\hat{p}_c^{i_{\min}}-f_{\min}\hat{p}_c^{4i_{\min}/3}+f\hat{p}_c^{2i_{\min}}} = \mathrm{AOQL} \qquad (4-11)$$

任意组合 (i,f),只要满足 $i \geqslant i_{\min}$ 且 $f \geqslant f_{\min}$,作用于控制受控过程时,可得

$$\frac{(1-f)(1-\hat{p}_c)\hat{p}_c^{i}}{f+(1-f)\hat{p}_c^{i}-f\hat{p}_c^{4i/3}+f\hat{p}_c^{2i}} \leqslant \mathrm{AOQL} \qquad (4-12)$$

将满足等式(4-11)的 $(i_{\min}, f_{\min})$ 组合,称为特定受控过程的 CSP-V 方案参数的边界。满足 $i \geqslant i_{\min}$ 且 $f \geqslant f_{\min}$ 的所有 CSP-V 方案参数组合 (i,f) 称为适合于特定受控过程的 CSP-V 可行连续抽样方案。

4.2.4 多水平连续抽样检验方案参数边界

同理,CSP-T 的 AOQ 性能函数式(3-10)可以改写为

$$\frac{(1-\hat{p}_c)((1-f)\hat{p}_c^{i}+\hat{p}_c^{2i}+2\hat{p}_c^{3i})}{f+(1-f)\hat{p}_c^{i}+\hat{p}_c^{2i}+2\hat{p}_c^{3i}} = \mathrm{AOQL} \qquad (4-13)$$

分析式(4-13),可以看出,使得式(4-13)成立的 i 和 f 组合,恰能满足特定受控过程的质量约束需求。

由式(3-16)和式(3-20),$\partial \mathrm{AOQ_T}/\partial i < 0$,$\partial \mathrm{AOQ_T}/\partial f < 0$,CSP-T 方案的 AOQ 值随着参数 i 和 f 的增大而降低。对于给定质量需求 AOQL,$\hat{p}_c$ 视为常数的情况下,将满足等式(4-13)的 i 和 f 组合,记为 $(i_{\min}, f_{\min})$,则式(4-13)可以改写为

$$\frac{(1-\hat{p}_c)((1-f_{\min})\hat{p}_c^{i_{\min}}+\hat{p}_c^{2i_{\min}}+2\hat{p}_c^{3i_{\min}})}{f+(1-f)\hat{p}_c^{i}+\hat{p}_c^{2i}+2\hat{p}_c^{3i}} = \mathrm{AOQL} \qquad (4-14)$$

任意组合 (i,f),只要满足 $i \geqslant i_{\min}$ 且 $f \geqslant f_{\min}$,作用于控制受控过程时,可得

$$\frac{(1-\hat{p}_c)[(1-f)\hat{p}_c^{i}+\hat{p}_c^{2i}+2\hat{p}_c^{3i}]}{f+(1-f)\hat{p}_c^{i}+\hat{p}_c^{2i}+2\hat{p}_c^{3i}} \leqslant \mathrm{AOQL} \qquad (4-15)$$

将满足等式(4-14)的 $(i_{\min}, f_{\min})$ 组合,称为特定受控过程的 CSP-T 方案参数的边界。满足 $i \geqslant i_{\min}$ 且 $f \geqslant f_{\min}$ 的所有 CSP-T 方案参数组合 (i,f) 称为适合

于特定受控过程的 CSP - T 可行连续抽样方案。

4.3　连续抽样检验边界方案性能

4.3.1　连续抽样检验边界方案

对于特定受控过程,满足等式(4-5)、式(4-8)、式(4-11)和式(4-14)的方案参数,分别是 CSP-1,CSP-2,CSP-V 和 CSP-T 满足质量约束的可行方案的边界。显然,在式(4-5)、式(4-8)、式(4-11)和式(4-14)中,i 和 f 的解有无穷多个。无穷多个解对应无穷多个边界方案。无穷多个边界方案是否都能达到同样优异的控制效果,需要通过性能函数曲线进行判别。三类性能函数曲线是判断边界方案可行性和优异性的标准。

4.3.2　单水平连续抽样检验边界方案性能

对于过程合格品率为 $\hat{p}_c$ 的受控过程,满足等式(4-5)的所有组合 $(i_{\min}, f_{\min})_1$ 都能够获得 $AOQ_1(i_{\min}, f_{\min}, \hat{p}_c) = AOQL$。满足等式(4-5)的 $(i_{\min}, f_{\min})_1$ 组合有无穷多个。

当质量需求 $AOQL = 0.00018$,受控过程的过程不合格品率估计分别为 3 个值时,即 $\hat{p} = 0.00054, 0.0009, 0.00126$,利用式(4-5)计算出 3 个受控过程的所有边界方案 $(i_{\min}, f_{\min})$,将这些方案列入表 4-1 ~ 表 4-3。

表 4-1　受控过程 $\hat{p} = 0.00054$ 在质量需求 $AOQL = 0.00018$ 时的 CSP-1 边界方案

						$AOQL = 0.00018,$		$\hat{p} = 0.00054$				
$f_{\min}$	0.005	0.01	0.02	0.03	0.04	0.05	0.06	0.07	0.08	0.09	0.1	0.11
$i_{\min}$	11 084	9 791	8 489	7 719	7 167	6 735	6 378	6 073	5 805	5 567	5 352	5 154
$f_{\min}$	0.12	0.13	0.14	0.15	0.16	0.17	0.18	0.19	0.2	0.21	0.22	0.23
$i_{\min}$	4 972	4 803	4 644	4 495	4 354	4 219	4 091	3 968	3 850	3 737	3 627	3 521
$f_{\min}$	0.24	0.25	0.26	0.27	0.28	0.29	0.30	0.31	0.32	0.33	0.34	0.35
$i_{\min}$	3 418	3 318	3 220	3 125	3 032	2 941	2 852	2 765	2 679	2 595	2 512	2 430
$f_{\min}$	0.36	0.37	0.38	0.39	0.4	0.41	0.42	0.43	0.44	0.45	0.46	0.47

续　表

AOQL = 0.000 18，$\hat{p}$ = 0.000 54

i_{min}	2 349	2 269	2 190	2 112	2 034	1 958	1 881	1 806	1 730	1 655	1 581	1 506
f_{min}	0.48	0.49	0.5	0.51	0.52	0.53	0.54	0.55	0.56	0.57	0.58	0.59
i_{min}	1 432	1 358	1 284	1 210	1 136	1 061	987	912	837	762	686	610
f_{min}	0.6	0.61	0.62	0.63	0.64	0.65	0.66	0.67	0.68	0.69	0.7	0.71
i_{min}	533	456	377	298	219	138	56	-27	-112	-198	-285	-374

图 4-1(a)～(c)分别显示了在质量需求 AOQL = 0.000 18 和过程不合格品率估计 $\hat{p}$ = 0.000 54，0.000 9，0.001 26 时，CSP-1 边界方案值的变动规律。

由图 4-1(a)～(c)和表 4-1～表 4-3 可以总结出 i 和 f 的变动规律：当质量需求和过程能力固定时，边界方案 i 值随着 f 的增大而降低。

表 4-2　受控过程 $\hat{p}$ = 0.000 9 在质量需求 AOQL = 0.000 18 时的 CSP-1 边界方案

AOQL = 0.000 18，$\hat{p}$ = 0.000 9

f_{min}	0.005	0.01	0.02	0.03	0.04	0.05	0.06	0.07	0.08	0.09	0.1	0.11
i_{min}	7 419	6 644	5 862	5 401	5 070	4 810	4 596	4 413	4 253	4 110	3 980	3 862
f_{min}	0.12	0.13	0.14	0.15	0.16	0.17	0.18	0.19	0.2	0.21	0.22	0.23
i_{min}	3 753	3 651	3 556	3 467	3 382	3 301	3 224	3 151	3 080	3 012	2 946	2 882
f_{min}	0.24	0.25	0.26	0.27	0.28	0.29	0.3	0.31	0.32	0.33	0.34	0.35
i_{min}	2 820	2 760	2 702	2 645	2 589	2 535	2 481	2 429	2 377	2 327	2 277	2 228
f_{min}	0.36	0.37	0.38	0.39	0.4	0.41	0.42	0.43	0.44	0.45	0.46	0.47
i_{min}	2 179	2 131	2 084	2 037	1 990	1 944	1 899	1 853	1 808	1 763	1 718	1 674
f_{min}	0.48	0.49	0.5	0.51	0.52	0.53	0.54	0.55	0.56	0.57	0.58	0.59
i_{min}	1 629	1 585	1 540	1 496	1 451	1 407	1 362	1 317	1 272	1 227	1 182	1 136
f_{min}	0.6	0.61	0.62	0.63	0.64	0.65	0.66	0.67	0.68	0.69	0.7	0.71
i_{min}	1 090	1 043	996	949	901	853	803	754	703	652	599	546
f_{min}	0.72	0.73	0.74	0.75	0.76	0.77	0.78	0.79	0.8			
i_{min}	491	435	378	320	260	198	134	69	0			

表 4 - 3　受控过程 $\hat{p} = 0.001\,26$ 在质量需求 AOQL $= 0.000\,18$ 时的 CSP - 1 边界方案

$$\text{AOQL} = 0.000\,18, \quad \hat{p} = 0.001\,26$$

f_{min}	0.005	0.01	0.02	0.03	0.04	0.05	0.06	0.07	0.08	0.09	0.1	0.11
i_{min}	5 620	5 066	4 508	4 179	3 942	3 757	3 604	3 473	3 359	3 257	3 164	3 080
f_{min}	0.12	0.13	0.14	0.15	0.16	0.17	0.18	0.19	0.2	0.21	0.22	0.23
i_{min}	3 002	2 929	2 861	2 797	2 737	2 679	2 624	2 572	2 521	2 473	2 425	2 380
f_{min}	0.24	0.25	0.26	0.27	0.28	0.29	0.3	0.31	0.32	0.33	0.34	0.35
i_{min}	2 336	2 293	2 251	2 211	2 171	2 132	2 094	2 056	2 019	1 983	1 948	1 913
f_{min}	0.36	0.37	0.38	0.39	0.4	0.41	0.42	0.43	0.44	0.45	0.46	0.47
i_{min}	1 878	1 844	1 810	1 776	1 743	1 710	1 678	1 645	1 613	1 581	1 549	1 517
f_{min}	0.48	0.49	0.5	0.51	0.52	0.53	0.54	0.55	0.56	0.57	0.58	0.59
i_{min}	1 485	1 453	1 422	1 390	1 358	1 326	1 294	1 262	1 230	1 198	1 166	1 133
f_{min}	0.6	0.61	0.62	0.63	0.64	0.65	0.66	0.67	0.68	0.69	0.7	0.71
i_{min}	1 100	1 067	1 033	1 000	965	931	896	860	824	787	750	711
f_{min}	0.72	0.73	0.74	0.75	0.76	0.77	0.78	0.79	0.8	0.81	0.82	0.83
i_{min}	673	633	592	550	507	463	418	371	322	272	219	164
f_{min}	0.84	0.85	0.86	0.87	0.88	0.89						
i_{min}	106	46	− 18	− 86	− 159	− 237						

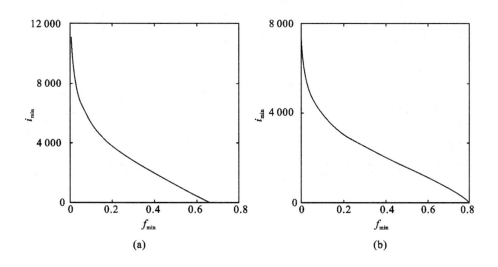

(a)　　　　　　　　　　　(b)

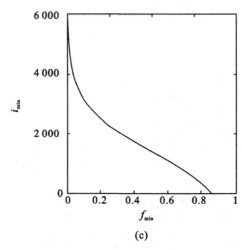

(c)

图 4 - 1　AOQL = 0.000 18 时 CSP - 1 边界方案参数 i 和 f 的变化规律

(a)$\hat{p} = 0.000\ 54$；(b)$\hat{p} = 0.000\ 9$；(c)$\hat{p} = 0.001\ 26$

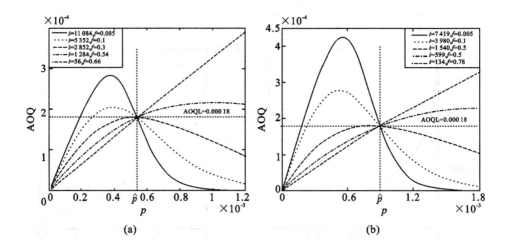

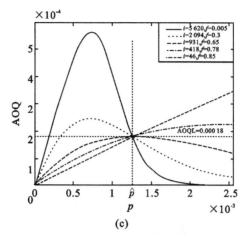

图 4-2　AOQL = 0.000 18 时 CSP-1 边界方案的 AOQ 曲线

(a)$\hat{p} = 0.000\ 54$；(b)$\hat{p} = 0.000\ 9$；(c)$\hat{p} = 0.001\ 26$

从表 4-1～表 4-3 中按照 i 值从大到小的顺序,分别选取 5 个边界方案,图 4-2(a)～(c)分别给出被选案的 AOQ 曲线。由图 4-2(a)～(c)可以看出,3 个受控过程边界方案的 AOQ 曲线有如下共同规律:$p_L < \hat{p}$ 的方案,即 i 值较大 f 值较小的方案,当过程质量向改善方向波动时,实施边界方案后的过程质量不合格,即 AOQ > AOQL,说明这一类方案($p_L < \hat{p}$)无法控制往改善方向波动的过程质量;$p_L = \hat{p}$ 的方案,无论过程质量向改善还是恶化方向波动,实施边界方案后均能够得到合格的过程质量,即 AOQ < AOQL,说明这一类方案($p_L < \hat{p}$)能对改善和恶化两个方向的过程波动均实施加严控制;$p_L > \hat{p}$ 的方案,即 i 值较小 f 值较大的方案,当过程质量向恶化方向波动时,实施边界方案后的过程质量不合格,即 AOQ > AOQL,说明这一类方案($p_L > \hat{p}$)无法控制往恶化方向波动的过程质量。因此,受控过程的过程控制,CSP-1 边界方案有无穷多个,但能够对改善和恶化两个方向过程波动均实施加严控制的边界方案是唯一的,显然,该方案是 $p_L = \hat{p}$ 的 AOQL 等值面方案。

以上论证可得结论:任意质量需求 AOQL 下,对于需要运行 CSP-1 方案进行过程质量控制的受控过程,从过程不合格品率估计为常数的视角,可行 CSP-1 方案边界唯一,即 $p_L = \hat{p}$ 的 AOQL 等值面方案。

4.3.3 加严单水平连续抽样检验边界方案性能

对于过程合格品率为 $\hat{p}_c$ 的受控过程,满足式(4-8)的所有(i_{min}, f_{min})组合,都能够获得 $AOQ_2 = (i_{min}, f_{min}, \hat{p}) = AOQL$。满足式(4-8)的$(i_{min}, f_{min})_2$ 组合有无穷多个。当质量需求 $AOQL = 0.000\,18$,受控过程的过程合格品率估计值 $\hat{p} = 0.000\,54, 0.000\,9, 0.001\,26$ 时,表4-4~表4-6分别给出了满足式(4-8)的所有$(i_{min}, f_{min})_2$ 组合。

表4-4 受控过程 $\hat{p} = 0.000\,54$ 在质量需求 $AOQL = 0.000\,18$ 时的 CSP-2 边界方案

$$AOQL = 0.000\,18, \quad \hat{p} = 0.000\,54$$

i_{min}	100	200	300	400	500	600	700	800	900	1 000	1 100	1 200
f_{min}	0.666 1	0.664 3	0.661 6	0.658 1	0.653 7	0.648 7	0.643 1	0.636 9	0.630 1	0.622 9	0.615 2	0.607 1
i_{min}	1 300	1 400	1 500	1 600	1 700	1 800	1 900	2 000	2 100	2 200	2 300	2 400
f_{min}	0.598 5	0.589 7	0.580 4	0.570 9	0.561 0	0.550 9	0.540 6	0.530 0	0.519 2	0.508 2	0.497 0	0.485 7
i_{min}	2 500	2 600	2 700	2 800	2 900	3 000	3 100	3 200	3 300	3 400	3 500	3 600
f_{min}	0.474 3	0.462 8	0.451 2	0.439 6	0.427 9	0.416 2	0.404 5	0.392 9	0.381 3	0.369 8	0.358 3	0.347 0
i_{min}	3 700	3 800	3 900	4 000	4 100	4 200	4 300	4 400	4 500	4 600	4 700	4 800
f_{min}	0.335 7	0.324 6	0.313 7	0.302 9	0.292 3	0.281 8	0.271 6	0.261 6	0.251 7	0.242 1	0.232 8	0.223 6
i_{min}	4 900	5 000	5 100	5 200	5 300	5 400	5 500	5 600	5 700	5 800	5 900	6 000
f_{min}	0.214 8	0.206 1	0.197 7	0.189 5	0.181 6	0.173 9	0.166 5	0.159 3	0.152 4	0.145 7	0.139 3	0.133 0
i_{min}	6 100	6 200	6 300	6 400	6 500	6 600	6 700	6 800	6 900	7 000	7 100	7 200
f_{min}	0.127 0	0.121 3	0.115 7	0.110 4	0.105 3	0.100 4	0.095 7	0.091 2	0.086 8	0.082 7	0.078 7	0.074 9
i_{min}	7 300	7 400	7 500	7 600	7 700	7 800	7 900	8 000	8 100	8 200	8 300	8 400
f_{min}	0.071 3	0.067 9	0.064 6	0.061 4	0.058 4	0.055 5	0.052 7	0.050 1	0.047 6	0.045 3	0.043 0	0.040 8
i_{min}	8 500	8 600	8 700	8 800	8 900	9 000	9 100	9 200	9 300	9 400	9 500	9 600
f_{min}	0.038 8	0.036 8	0.035 0	0.033 2	0.031 5	0.029 9	0.028 4	0.026 9	0.025 6	0.024 3	0.023 0	0.021 8
i_{min}	9 700	9 800	9 900	10 000	10 100	10 200	10 300	10 400	10 500	10 600	10 700	10 800
f_{min}	0.020 7	0.019 7	0.018 6	0.017 7	0.016 8	0.015 9	0.015 1	0.014 3	0.013 6	0.012 9	0.012 2	0.011 6
i_{min}	10 900	11 000	11 100	11 200	11 300	11 400	11 500	11 600	11 700	11 800	11 900	12 000
f_{min}	0.011 0	0.010 4	0.009 8	0.009 3	0.008 8	0.008 4	0.008 0	0.007 5	0.007 1	0.006 8	0.006 4	0.006 1
i_{min}	12 100	12 200	12 300	12 400	12 500							
f_{min}	0.005 8	0.005 5	0.005 2	0.004 9	0.004 7							

表 4 - 5　受控过程 $\hat{p} = 0.000\ 9$ 在质量需求 AOQL $= 0.000\ 18$ 时的 CSP - 2 边界方案

AOQL $= 0.000\ 18$,　$\hat{p} = 0.000\ 9$

i_{min}	100	200	300	400	500	600	700	800	900	1 000	1 100	1 200
f_{min}	0.798 8	0.795 6	0.790 6	0.784 2	0.776 5	0.767 6	0.757 6	0.746 6	0.734 5	0.721 5	0.707 6	0.692 7
i_{min}	1 300	1 400	1 500	1 600	1 700	1 800	1 900	2 000	2 100	2 200	2 300	2 400
f_{min}	0.677 1	0.660 6	0.643 4	0.625 5	0.606 9	0.587 7	0.568 1	0.548 0	0.527 5	0.506 8	0.485 9	0.464 8
i_{min}	2 500	2 600	2 700	2 800	2 900	3 000	3 100	3 200	3 300	3 400	3 500	3 600
f_{min}	0.443 8	0.422 9	0.402 1	0.381 6	0.361 4	0.341 7	0.322 4	0.303 6	0.285 4	0.267 8	0.250 9	0.234 7
i_{min}	3 700	3 800	3 900	4 000	4 100	4 200	4 300	4 400	4 500	4 600	4 700	4 800
f_{min}	0.219 2	0.204 5	0.190 4	0.177 1	0.164 5	0.152 7	0.141 5	0.131 0	0.121 2	0.112 0	0.103 4	0.095 4
i_{min}	4 900	5 000	5 100	5 200	5 300	5 400	5 500	5 600	5 700	5 800	5 900	6 000
f_{min}	0.088 0	0.081 1	0.074 6	0.068 7	0.063 2	0.058 1	0.053 3	0.049 0	0.045 0	0.041 3	0.037 9	0.034 7
i_{min}	6 100	6 200	6 300	6 400	6 500	6 600	6 700	6 800	6 900	7 000	7 100	7 200
f_{min}	0.031 8	0.029 2	0.026 7	0.024 5	0.022 4	0.020 5	0.018 8	0.017 2	0.015 8	0.014 4	0.013 2	0.012 1
i_{min}	7 300	7 400	7 500	7 600	7 700	7 800	7 900	8 000	8 100			
f_{min}	0.011 0	0.010 1	0.009 2	0.008 5	0.007 7	0.007 1	0.006 5	0.005 9	0.005 4			

表 4 - 6　受控过程 $\hat{p} = 0.001\ 26$ 在质量需求 AOQL $= 0.000\ 18$ 时的 CSP - 2 边界方案

AOQL $= 0.000\ 18$,　$\hat{p} = 0.001\ 26$

i_{min}	100	200	300	400	500	600	700	800	900	1 000	1 100	1 200
f_{min}	0.855 4	0.850 8	0.843 9	0.834 9	0.824 2	0.811 7	0.797 5	0.781 6	0.764 0	0.744 8	0.724 0	0.701 7
i_{min}	1 300	1 400	1 500	1 600	1 700	1 800	1 900	2 000	2 100	2 200	2 300	2 400
f_{min}	0.677 8	0.652 6	0.626 0	0.598 4	0.569 8	0.540 5	0.510 7	0.480 6	0.450 5	0.420 5	0.391 1	0.362 3
i_{min}	2 500	2 600	2 700	2 800	2 900	3 000	3 100	3 200	3 300	3 400	3 500	3 600
f_{min}	0.334 3	0.307 4	0.281 7	0.257 4	0.234 3	0.212 7	0.192 9	0.173 9	0.156 6	0.140 8	0.126 3	0.113 1
i_{min}	3 700	3 800	3 900	4 000	4 100	4 200	4 300	4 400	4 500	4 600	4 700	4 800
f_{min}	0.101 1	0.090 3	0.080 5	0.071 7	0.063 7	0.056 6	0.050 3	0.044 6	0.039 5	0.035 0	0.031 0	0.027 4
i_{min}	4 900	5 000	5 100	5 200	5 300	5 400	5 500	5 600	5 700	5 800	5 900	6 000
f_{min}	0.024 3	0.021 5	0.019 0	0.016 8	0.014 8	0.013 1	0.011 5	0.010 2	0.009 0	0.007 9	0.007 0	0.006 2
i_{min}	6 100	6 200										
f_{min}	0.005 5	0.004 8										

图 4 - 3(a) ～ (c) 分别显示了在质量需求 AOQL $= 0.000\ 18$, $\hat{p} = 0.000\ 54$,

0.000 9,0.001 26,时 CSP-2 边界方案参数 i 和 f 的变化规律。

由图 4-3(a)～(c)和表 4-4～表 4-6 的数据,可以看出,受控过程下 CSP-2 边界方案的 i 随着 f 的增大而不断降低。

分别选取表 4-4～表 4-6 的 5 个边界方案,图 4-4(a)～(c)分别给出被选取边界方案的 AOQ 曲线。根据图示,可以得出如下结论:基于合格品率估计的受控过程控制的边界方案,CSP-2 的边界方案和 CSP-1 的边界方案具有相同的规律:$p_L = \hat{p}$ 的 AOQL 等值面方案是唯一的能够对改善和恶化两个方向的过程波动都加严的方案。

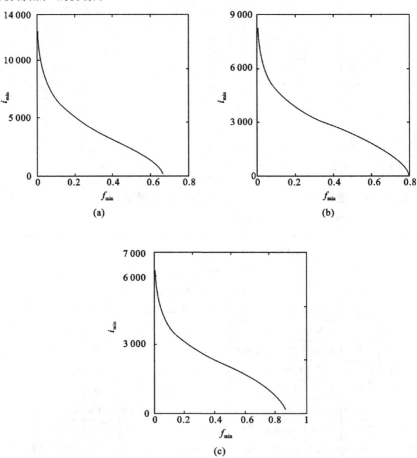

图 4-3　AOQL = 0.000 18 时 CSP-2 边界方案参数 i 和 f 的变化规律

(a)$\hat{p} = 0.000 54$;(b)$\hat{p} = 0.000 9$;(c)$\hat{p} = 0.001 26$

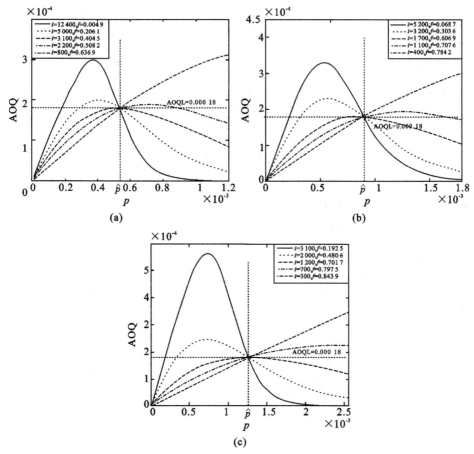

图 4 - 4 AOQL = 0.000 18 时 CSP - 2 边界方案的 AOQ 曲线

(a) $\hat{p} = 0.000\ 54$；(b) $\hat{p} = 0.000\ 9$；(c) $\hat{p} = 0.001\ 26$

4.3.4 放宽单水平连续抽样检验边界方案性能

对于过程合格品率为 $\hat{p}_c$ 的受控过程，满足等式（4 - 11）的所有 $(i_{\min}, f_{\min})_{\mathrm{V}}$ 组合，都能够获得 $\mathrm{AOQ_V} = (i_{\min}, f_{\min}, \hat{p}) = \mathrm{AOQL}$。满足等式（4 - 11）的 $(i_{\min}, f_{\min})_{\mathrm{V}}$ 组合有无穷多个。当质量需求 AOQL = 0.000 18，受控过程的过程不合格品率估计值 $\hat{p} = 0.000\ 54, 0.000\ 9, 0.001\ 26$ 时，表 4 - 7 ~ 表 4 - 9 分别给出了满足式（4 - 11）的所有 $(i_{\min}, f_{\min})_{\mathrm{V}}$ 组合。其中，$i_{\min}$ 从 100 以步长 100 逐步增大，直到相应的 $f_{\min}$ 值接近 0。

将表 4-7～表 4-9 中的数据描绘于图 4-5(a)～(c),可以看出,受控过程下 CSP-V 边界方案的 i 值随着 f 的增大而不断降低。对于过程质量较高的受控过程,随着 f_{min} 增大,i_{min} 降低较慢;随着过程质量降低,即 $\hat{p}$ 增大,随着 f_{min} 增大,i_{min} 降低速度加快。将 3 个 $\hat{p}$ 下 CSP-1,CSP-2 和 CSP-V 的 i_{min} 和 f_{min} 值分别进行对比,可以发现:f_{min} 值相同时,$CSP-2$ 方案的 i_{min} 值较大,CSP-1 和 CSP-V 的 i_{min} 值比较接近。对于不同 CSP 方案之间的差别,需要进一步深入研究。

分别选取表 4-7～表 4-9 中的 5 个边界方案,图 4-6(a)～(c)分别给出被选取边界方案的 AOQ 曲线。由图可知:适用于受控过程质量控制的 CSP-V 边界方案,与 CSP-2 和 CSP-1 的边界方案具有相同的规律:$p_L = \hat{p}$ 的 AOQL 等值面方案是唯一可行的边界方案。

表 4-7　受控过程 $\hat{p}$ = 0.000 54 在质量需求 AOQL = 0.000 18 时的 CSP-V 边界方案

AOQL = 0.000 18,　$\hat{p}$ = 0.000 54											
i_{min}	100	200	300	400	500	600	700	800	900	1 000	1 100	1 200
f_{min}	0.662 1	0.656 4	0.649 6	0.641 8	0.633 0	0.623 4	0.612 9	0.601 7	0.589 9	0.577 4	0.564 5	0.551 1
i_{min}	1 300	1 400	1 500	1 600	1 700	1 800	1 900	2 000	2 100	2 200	2 300	2 400
f_{min}	0.537 3	0.523 2	0.508 9	0.494 5	0.479 9	0.465 2	0.450 6	0.436 0	0.421 5	0.407 1	0.392 8	0.378 8
i_{min}	2 500	2 600	2 700	2 500	2 600	2 700	2 500	2 600	2 700	2 500	2 600	2 700
f_{min}	0.364 9	0.351 3	0.338 0	0.364 9	0.351 3	0.338 0	0.364 9	0.351 3	0.338 0	0.364 9	0.351 3	0.338 0
i_{min}	3 700	3 800	3 900	4 000	4 100	4 200	4 300	4 400	4 500	4 600	4 700	4 800
f_{min}	0.222 2	0.212 5	0.203 1	0.194 1	0.185 4	0.177 0	0.168 9	0.161 2	0.153 7	0.146 6	0.139 7	0.133 2
i_{min}	4 900	5 000	5 100	5 200	5 300	5 400	5 500	5 600	5 700	5 800	5 900	6 000
f_{min}	0.126 9	0.120 8	0.115 1	0.109 5	0.104 3	0.099 2	0.094 4	0.089 8	0.085 4	0.081 2	0.077 2	0.073 4
i_{min}	6 100	6 200	6 300	6 400	6 500	6 600	6 700	6 800	6 900	7 000	7 100	7 200
f_{min}	0.069 7	0.066 3	0.063 0	0.059 7	0.056 8	0.054 0	0.051 2	0.048 7	0.046 2	0.043 9	0.041 6	0.039 5
i_{min}	7 300	7 400	7 500	7 600	7 700	7 800	7 900	8 000	8 100	8 200	8 300	8 400
f_{min}	0.037 5	0.035 6	0.033 8	0.032 0	0.030 4	0.028 8	0.027 4	0.026 0	0.024 6	0.023 4	0.022 1	0.021 0
i_{min}	8 500	8 600	8 700	8 800	8 900	9 000	9 100	9 200	9 300	9 400	9 500	9 600
f_{min}	0.019 9	0.018 9	0.017 9	0.017 0	0.016 1	0.015 3	0.014 5	0.013 7	0.013 0	0.012 3	0.011 7	0.011 1
i_{min}	9 700	9 800	9 900	10 000	10 100	10 200	10 300	10 400	10 500	10 600	10 700	10 800

续　表

	AOQL $= 0.000\ 18$, $\hat{p} = 0.000\ 54$											
f_{min}	0.010 5	0.010 0	0.009 4	0.008 9	0.008 5	0.008 0	0.007 6	0.007 2	0.006 8	0.006 5	0.006 1	0.005 8
i_{min}	10 900	11 000	11 100									
f_{min}	0.005 5	0.005 2	0.005 0									

表 4 - 8　受控过程 $\hat{p} = 0.000\ 9$ 在质量需求 AOQL $= 0.000\ 18$ 时的 CSP - V 边界方案

	AOQL $= 0.000\ 18$, $\hat{p} = 0.000\ 9$											
i_{min}	100	200	300	400	500	600	700	800	900	1 000	1 100	1 200
f_{min}	0.794 0	0.785 7	0.775 3	0.762 7	0.748 3	0.732 1	0.714 3	0.695 0	0.674 5	0.652 9	0.630 4	0.607 2
i_{min}	1 300	1 400	1 500	1 600	1 700	1 800	2 200	2 300	2 400	2 500	2 600	2 700
f_{min}	0.583 3	0.559 1	0.534 7	0.510 1	0.485 6	0.461 3	0.368 0	0.346 1	0.325 0	0.304 6	0.285 1	0.266 4
i_{min}	2 800	2 900	3 000	3 100	3 200	3 300	3 400	3 500	3 600	3 700	3 800	3 900
f_{min}	0.248 6	0.231 6	0.215 5	0.200 3	0.186 0	0.172 4	0.159 7	0.147 8	0.136 7	0.126 2	0.116 5	0.107 5
i_{min}	4 000	4 100	4 200	4 300	4 400	4 500	4 600	4 700	4 800	4 900	5 000	5 100
f_{min}	0.099 0	0.091 2	0.084 0	0.077 3	0.071 0	0.065 3	0.060 0	0.055 1	0.050 6	0.046 4	0.042 6	0.039 0
i_{min}	5 200	5 300	5 400	5 500	5 600	5 700	5 800	5 900	6 000	6 100	6 200	6 300
f_{min}	0.035 8	0.032 8	0.030 0	0.027 5	0.025 2	0.023 1	0.021 1	0.019 4	0.017 7	0.016 2	0.014 8	0.013 6
i_{min}	6 400	6 500	6 600	6 700	6 800	6 900	7 000	7 100	7 200	7 300	7 400	7 500
f_{min}	0.012 4	0.011 4	0.010 4	0.009 5	0.008 7	0.008 0	0.007 3	0.006 7	0.006 1	0.005 6	0.005 1	0.004 6

表 4 - 9　受控过程 $\hat{p} = 0.001\ 26$ 在质量需求 AOQL $= 0.000\ 18$ 时的 CSP - V 边界方案

	AOQL $= 0.000\ 18$, $\hat{p} = 0.001\ 26$											
i_{min}	100	200	300	400	500	600	700	800	900	1 000	1 100	1 200
f_{min}	0.850 2	0.839 8	0.826 1	0.809 2	0.789 4	0.767 0	0.742 1	0.715 0	0.686 0	0.655 4	0.623 5	0.590 8
i_{min}	1 300	1 400	1 500	1 600	1 700	1 800	1 900	2 000	2 100	2 200	2 300	2 400
f_{min}	0.557 3	0.523 6	0.490 0	0.456 6	0.423 9	0.392 0	0.361 1	0.331 5	0.303 4	0.276 7	0.251 6	0.228 2
i_{min}	2 500	2 600	2 700	2 800	2 900	3 000	3 100	3 200	3 300	3 400	3 500	3 600

续　表

$$\text{AOQL} = 0.000\ 18, \quad \hat{p} = 0.001\ 26$$

$f_{\min}$	0.206 4	0.186 2	0.167 6	0.150 6	0.135 0	0.120 8	0.108 0	0.096 3	0.085 9	0.076 4	0.068 0	0.060 4
$i_{\min}$	3 700	3 800										
$f_{\min}$	0.053 6	0.047 5										

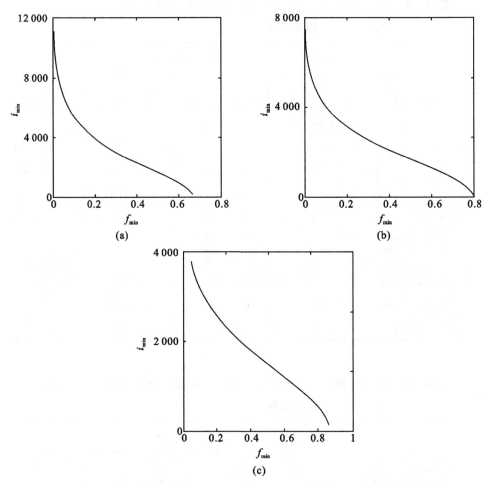

图 4-5　AOQL = 0.000 18 时 CSP-V 边界方案参数 i 和 f 的变化规律

(a) $\hat{p} = 0.000\ 54$；(b) $\hat{p} = 0.000\ 9$；(c) $\hat{p} = 0.001\ 26$

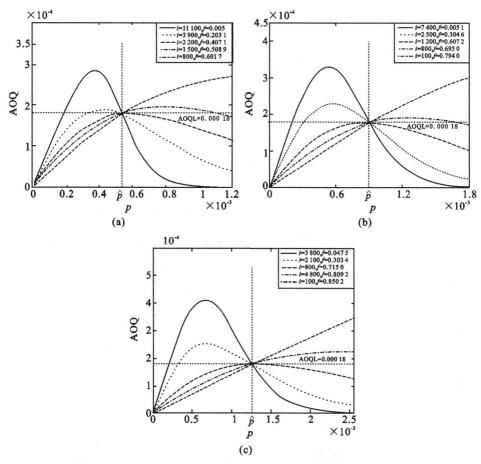

图 4-6　AOQL = 0.000 18 时 CSP-V 边界方案参数的 AOQ 曲线

(a) $\hat{p}$ = 0.000 54；(b) $\hat{p}$ = 0.000 9；(c) $\hat{p}$ = 0.001 26

4.3.5　多水平连续抽样检验边界方案性能

对于过程合格品率为 $\hat{p_c}$ 的受控过程，满足式(4-14)的所有 $(i_{min}, f_{min})_T$ 组合，都能够获得 $AOQ_T = (i_{min}, f_{min}, \hat{p}) = AOQL$。满足式(4-14)的 $(i_{min}, f_{min})_T$ 组合有无穷多个。当质量需求 AOQL = 0.000 18，受控过程的过程合格品率估计值 $\hat{p}$ = 0.000 54，0.000 9，0.001 26 时，表 4-10 ～ 表 4-12 分别给出了满足式(4-14)的所有 $(i_{min}, f_{min})_T$ 组合。

由表 4-10 ～ 表 4-12 的数据可以看出，受控过程下 CSP-T 边界方案的 f 随着 i 的增大而不断降低。但是，当 i 值较低时，出现 f 值大于 1。实践中，f 值的范围为$[0,1]$。$f > 1$ 的方案是无法执行的。

分别选取表 4-10 ~ 表 4-12 的 5 个边界方案,图 4-7(a) ~ (c)分别给出被选取边界方案的 AOQ 曲线。根据图示可以得出如下结论:$\hat{p} = (0.000\ 54,$ $0.000\ 9, 0.001\ 26)$ 时,对过程的改善和恶化都能够加严控制的 $p_L = \hat{p}$ 的 AOQL 等值面方案,分别是$(1\ 200, 1.058\ 3), (300, 2.206\ 0), (100, 2.889\ 8)$,方案的参数 $f > 1$,都是不可行方案。这说明 AOQL 等值面边界方案不存在。AOQL 等值面边界方案不存在,是由检验分数 f 的现实意义决定的,而 $f > 1$ 方案的出现,也从另一个侧面论证了多水平控制的缺陷,需要进一步深入研究。

表 4-10 受控过程 $\hat{p} = 0.000\ 54$ 在质量需求 AOQL $= 0.000\ 18$ 时的 CSP-T 边界方案

$$AOQL = 0.000\ 18, \quad \hat{p} = 0.000\ 54$$

i_{min}	100	200	300	400	500	600	700	800	900	1 000	1 100	1 200
f_{min}	2.449 8	2.253 6	2.076 1	1.915 3	1.769 5	1.637 2	1.517 0	1.407 6	1.308 0	1.217 2	1.134 2	1.058 3
i_{min}	1 300	1 400	1 500	1 600	1 700	1 800	1 900	2 000	2 100	2 200	2 300	2 400
f_{min}	0.988 8	0.925 0	0.866 4	0.812 4	0.762 7	0.716 8	0.674 3	0.634 9	0.598 4	0.564 4	0.532 8	0.503 2
i_{min}	2 500	2 600	2 700	2 800	2 900	3 000	3 100	3 200	3 300	3 400	3 500	3 600
f_{min}	0.475 7	0.449 9	0.425 7	0.403 1	0.381 8	0.361 7	0.342 9	0.325 1	0.308 3	0.292 5	0.277 5	0.263 4
i_{min}	3 700	3 800	3 900	4 000	4 100	4 200	4 300	4 400	4 500	4 600	4 700	4 800
f_{min}	0.250 0	0.237 3	0.225 3	0.213 9	0.203 1	0.192 8	0.183 1	0.173 9	0.165 1	0.156 8	0.148 9	0.141 4
i_{min}	4 900	5 000	5 100	5 200	5 300	5 400	5 500	5 600	5 700	5 800	5 900	6 000
f_{min}	0.134 2	0.127 4	0.121 0	0.114 9	0.109 0	0.103 5	0.098 2	0.093 3	0.088 5	0.084 0	0.079 7	0.075 6
i_{min}	6 100	6 200	6 300	6 400	6 500	6 600	6 700	6 800	6 900	7 000	7100	7 200
f_{min}	0.071 8	0.068 1	0.064 6	0.061 3	0.058 2	0.055 2	0.052 3	0.049 6	0.047 1	0.0446	0.042 3	0.040 2
i_{min}	7 300	7 400	7 500	7 600	7 700	7 800	7 900	8 000	8 100	8 200	8 300	8 400
f_{min}	0.038 1	0.036 1	0.034 2	0.032 5	0.030 8	0.029 2	0.027 7	0.026 2	0.024 9	0.023 6	0.022 4	0.021 2
i_{min}	8 500	8 600	8 700	8 800	8 900	9 000	9 100	9 200	9 300	9 400	9 500	9 600
f_{min}	0.020 1	0.019 0	0.018 0	0.017 1	0.016 2	0.015 4	0.014 6	0.013 8	0.013 1	0.012 4	0.011 7	0.011 1
i_{min}	9 700	9 800	9 900	10 000	10 100	10 200	10 300	10 400	10 500	10 600	10 700	10 800
f_{min}	0.010 6	0.010 0	0.009 5	0.009 0	0.008 5	0.008 1	0.007 6	0.007 2	0.006 9	0.006 5	0.006 2	0.005 8
i_{min}	10 900	11 000	11 100									
f_{min}	0.005 5	0.005 2	0.005 0									

表 4 - 11　受控过程 $\hat{p} = 0.000\ 9$ 在质量需求 $\mathrm{AOQL} = 0.000\ 18$ 时的 CSP - T 边界方案

$\mathrm{AOQL} = 0.000\ 18,\quad \hat{p} = 0.000\ 9$

$i_{\min}$	100	200	300	400	500	600	700	800	900	1 000	1 100	1 200
$f_{\min}$	2.814 4	2.486 2	2.206 0	1.966 1	1.760 1	1.582 4	1.428 6	1.294 9	1.178 0	1.075 3	0.984 6	0.904 0
$i_{\min}$	1 300	1 400	1 500	1 600	1 700	1 800	1 900	2 000	2 100	2 200	2 300	2 400
$f_{\min}$	0.832 1	0.767 4	0.709 1	0.656 1	0.607 8	0.563 5	0.522 8	0.485 2	0.450 5	0.418 2	0.388 1	0.360 2
$i_{\min}$	2 500	2 600	2 700	2 800	2 900	3 000	3 100	3 200	3 300	3 400	3 500	3 600
$f_{\min}$	0.334 1	0.309 8	0.287 1	0.266 0	0.246 2	0.227 8	0.210 6	0.194 6	0.179 7	0.165 8	0.152 9	0.141 0
$i_{\min}$	3 700	3 800	3 900	4 000	4 100	4 200	4 300	4 400	4 500	4 600	4 700	4 800
$f_{\min}$	0.129 9	0.119 6	0.110 0	0.101 2	0.093 1	0.085 5	0.078 6	0.072 1	0.066 2	0.060 8	0.055 7	0.051 1
$i_{\min}$	4 900	5 000	5 100	5 200	5 300	5 400	5 500	5 600	5 700	5 800	5 900	6 000
$f_{\min}$	0.046 9	0.042 9	0.039 4	0.036 1	0.033 0	0.030 2	0.027 7	0.025 4	0.023 2	0.021 2	0.019 4	0.017 8
$i_{\min}$	6 100	6 200	6 300	6 400	6 500	6 600	6 700	6 800	6 900	7 000	7 100	7 200
$f_{\min}$	0.016 3	0.014 9	0.013 6	0.012 5	0.011 4	0.010 4	0.009 5	0.008 7	0.008 0	0.007 3	0.006 7	0.006 1
$i_{\min}$	7 300	7 400	7 500									
$f_{\min}$	0.005 6	0.005 1	0.004 7									

表 4 - 12　受控过程 $\hat{p} = 0.001\ 26$ 在质量需求 $\mathrm{AOQL} = 0.000\ 18$ 时的 CSP - T 边界方案

$\mathrm{AOQL} = 0.000\ 18\quad \hat{p} = 0.001\ 26$

$i_{\min}$	100	200	300	400	500	600	700	800	900	1 000	1 100	1 200
$f_{\min}$	2.889 5	2.457 8	2.110 3	1.828 7	1.598 7	1.409 3	1.251 8	1.119 3	1.006 5	0.909 4	0.824 6	0.749 9
$i_{\min}$	1 300	1 400	1 500	1 600	1 700	1 800	1 900	2 000	2 100	2 200	2 300	2 400
$f_{\min}$	0.683 2	0.623 1	0.568 5	0.518 6	0.472 8	0.430 6	0.391 6	0.355 6	0.322 3	0.291 6	0.263 4	0.237 5
$i_{\min}$	2 500	2 600	2 700	2 800	2 900	3 000	3 100	3 200	3 300	3 400	3 500	3 600
$f_{\min}$	0.213 7	0.192 0	0.172 2	0.154 1	0.137 8	0.123 1	0.109 7	0.097 7	0.087 0	0.077 3	0.068 6	0.060 9
$i_{\min}$	370 0	380 0										
$f_{\min}$	0.054 0	0.047 9										

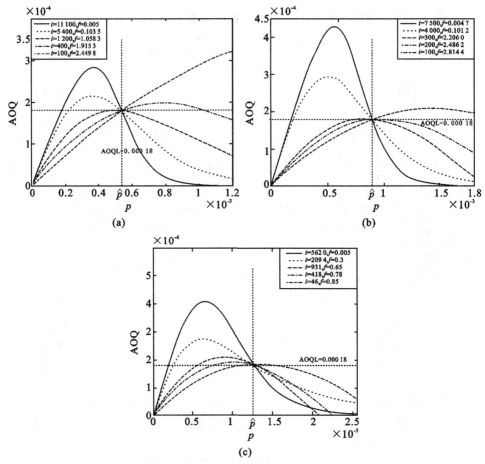

图 4 - 7　AOQL = 0.000 18 时 CSP - T 边界方案的 AOQ 曲线

(a)$\hat{p}$ = 0.000 18；(b)$\hat{p}$ = 0.000 9；(c)$\hat{p}$ = 0.001 26

由式(4 - 14)，推导得到公式，

$$f_{\min} = \frac{(1 - \hat{p}_c - \text{AOQL})(\hat{p}_c{}^{i_{\min}} + \hat{p}_c{}^{2i_{\min}} + 2\hat{p}_c{}^{3i_{\min}})}{\text{AOQL} + (1 - \hat{p}_c - \text{AOQL})\hat{p}_c{}^{i_{\min}}} \qquad (4 - 16)$$

令 $i_{\min} = 0$，则有

$$f_{\min} = 4 - \frac{4\text{AOQL}}{1 - \hat{p}_c} \qquad (4 - 17)$$

当 $\text{AOQL}/(1 - \hat{p}_c) < 3/4$，都会出现边界方案 $f_{\min} > 1$。

因为式(4 - 14)是高阶等式，用观察法和求解极值法最值法等方法不能找到边界方案存在的规律。只有采用穷举法：对于过程合格品率为 $\hat{p}_c$ 的受控过程，用

Excel 列举出其所有边界方案，发现任何质量需求 AOQL，当 $\hat{p} < 2.7$AOQL，可行方案边界存在，即 $p_L = \hat{p}$ 的 AOQL 等值面方案存在。表 4-13 和表 4-14 分别给出了 $\hat{p} = 0.000\,36, 0.000\,486$ 两种情况下的边界方案。

表 4-13 受控过程 $\hat{p} = 0.000\,36$ 在质量需求 AOQL = $0.000\,18$ 时的 CSP-T 边界方案

$$\text{AOQL} = 0.00018, \quad \hat{p} = 0.000\,36$$

i_{min}	100	200	300	400	500	600	700	800	900	1 000	1 100	1 200
f_{min}	1.878 4	1.765 2	1.659 8	1.561 7	1.470 2	1.385 0	1.305 5	1.231 4	1.162 2	1.097 6	1.037 3	0.980 9
i_{min}	1 300	1 400	1 500	1 600	1 700	1 800	1 900	2 000	2 100	2 200	2 300	2 400
f_{min}	0.928 2	0.878 9	0.832 7	0.789 5	0.748 9	0.710 9	0.675 3	0.641 8	0.610 3	0.580 7	0.552 9	0.526 7
i_{min}	2 500	2 600	2 700	2 800	2 900	3 000	3 100	3 200	3 300	3 400	3 500	3 600
f_{min}	0.502 0	0.478 8	0.456 8	0.436 1	0.416 5	0.398 0	0.380 5	0.363 9	0.348 2	0.333 3	0.319 1	0.305 7
i_{min}	3 700	3 800	3 900	4 000	4 100	4 200	4 300	4 400	4 500	4 600	4 700	4 800
f_{min}	0.293 0	0.280 8	0.269 3	0.258 4	0.247 9	0.238 0	0.228 5	0.219 4	0.210 8	0.202 5	0.194 6	0.187 1
i_{min}	4 900	5 000	5 100	5 200	5 300	5 400	5 500	5 600	5 700	5 800	5 900	6 000
f_{min}	0.179 9	0.173 0	0.166 4	0.160 1	0.154 0	0.148 2	0.142 6	0.137 3	0.132 2	0.127 3	0.122 6	0.118 0
i_{min}	6 100	6 200	6 300	6 400	6 500	6 600	6 700	6 800	6 900	7 000	7 100	7 200
f_{min}	0.113 7	0.109 5	0.105 5	0.101 6	0.097 9	0.094 3	0.090 9	0.087 6	0.084 4	0.081 4	0.078 4	0.075 6
i_{min}	7 300	7 400	7 500	7 600	7 700	7 800	7 900	8 000	8 100	8 200	8 300	8 400
f_{min}	0.072 9	0.070 3	0.067 7	0.065 3	0.063 0	0.060 7	0.058 5	0.056 4	0.054 4	0.052 5	0.050 6	0.048 8
i_{min}	8 500	8 600	8 700	8 800	8 900	9 000	9 100	9 200	9 300	9 400	9 500	9 600
f_{min}	0.047 1	0.045 4	0.043 8	0.042 2	0.040 7	0.039 3	0.037 9	0.036 5	0.035 2	0.034 0	0.032 8	0.031 6
i_{min}	9 700	9 800	9 900	10 000	10 100	10 200	10 300	10 400	10 500	10 600	10 700	10 800
f_{min}	0.030 5	0.029 4	0.028 4	0.027 3	0.026 4	0.025 4	0.024 5	0.023 7	0.022 8	0.022 0	0.021 2	0.020 5
i_{min}	10 900	11 000	11 100									
f_{min}	0.019 8	0.019 1	0.018 4									

表 4-14 受控过程 $\hat{p} = 0.000\,486$ 在质量需求 AOQL = $0.000\,18$ 时的 CSP-T 边界方案

$$\text{AOQL} = 0.000\,18, \quad \hat{p} = 0.000\,486$$

i_{min}	100	200	300	400	500	600	700	800	900	1 000	1 100	1 200
f_{min}	2.329 0	2.156 1	1.998 3	1.854 1	1.722 3	1.601 8	1.491 4	1.390 2	1.297 4	1.212 1	1.133 8	1.061 7
i_{min}	1 300	1 400	1 500	1 600	1 700	1 800	1 900	2 000	2 100	2 200	2 300	2 400
f_{min}	0.995 3	0.934 0	0.877 4	0.825 1	0.776 7	0.731 8	0.690 1	0.651 4	0.615 3	0.581 7	0.550 4	0.521 1

续　表

$$\text{AOQL} = 0.000\ 18, \quad \hat{p} = 0.000\ 486$$

$i_{\min}$	2 500	2 600	2 700	2 800	2 900	3 000	3 100	3 200	3 300	3 400	3 500	3 600
$f_{\min}$	0.493 6	0.468 0	0.443 9	0.421 3	0.400 0	0.380 0	0.361 1	0.343 3	0.326 5	0.310 7	0.295 7	0.281 4
$i_{\min}$	3 700	3 800	3 900	4 000	4 100	4 200	4 300	4 400	4 500	4 600	4 700	4 800
$f_{\min}$	0.268 0	0.255 2	0.243 1	0.231 6	0.220 7	0.210 3	0.200 5	0.191 1	0.182 2	0.173 7	0.165 6	0.157 9
$i_{\min}$	4 900	5 000	5 100	5 200	5 300	5 400	5 500	5 600	5 700	5 800	5 900	6 000
$f_{\min}$	0.150 6	0.143 6	0.136 9	0.130 6	0.124 5	0.118 7	0.113 2	0.108 0	0.103 0	0.098 2	0.093 6	0.089 3
$i_{\min}$	6 100	6 200	6 300	6 400	6 500	6 600	6 700	6 800	6 900	7 000	7 100	7 200
$f_{\min}$	0.085 1	0.081 2	0.077 4	0.073 8	0.070 4	0.067 1	0.064 0	0.061 0	0.058 2	0.055 4	0.052 9	0.050 4
$i_{\min}$	7 300	7 400	7 500	7 600	7 700	7 800	7 900	8 000	8 100	8 200	8 300	8 400
$f_{\min}$	0.048 0	0.045 8	0.043 6	0.041 6	0.039 7	0.037 8	0.036 0	0.034 3	0.032 7	0.031 2	0.029 7	0.028 3
$i_{\min}$	8 500	8 600	8 700	8 800	8 900	9 000	9 100	9 200	9 300	9 400	9 500	9 600
$f_{\min}$	0.027 0	0.025 7	0.024 5	0.023 4	0.022 3	0.021 2	0.020 2	0.019 3	0.018 4	0.017 5	0.016 7	0.015 9
$i_{\min}$	9 700	9 800	9 900	10 000	10 100	10 200	10 300	10 400	10 500	10 600	10 700	10 800
$f_{\min}$	0.015 1	0.014 4	0.013 7	0.013 1	0.012 5	0.011 9	0.011 3	0.010 8	0.010 3	0.009 8	0.009 3	0.008 9
$i_{\min}$	10 900	11 000	11 100									
$f_{\min}$	0.008 5	0.008 1	0.007 7									

图 4 - 8(a) 显示,对于 $\hat{p} = 0.000\ 36$ 的受控过程,方案($i_{\min}$, $f_{\min}$) = (3 800, 0.280 8) 是对改善和恶化两个方向的过程波动都能加严控制且具备可操作性($f_{\min} < 1$) 的可行方案边界。图 4 - 8(b) 显示,对于 $\hat{p} = 0.000\ 486$($\hat{p} = 2.7\text{AOQL}$) 的受控过程,方案($i_{\min}$, $f_{\min}$) = (1 300, 0.995 3) 是具备可操作性($f_{\min} < 1$) 的可行方案边界。

综合分析图 4 - 7(a) ～ (c) 和图 4 - 8(a)(b),可得出结论:可行方案边界的 $f_{\min}$ 值随着受控过程 $\hat{p}$ 减小而减小,对于任意质量需求 AOQL,只要满足 $\hat{p} < 2.7\text{AOQL}$,则存在具备可操作性($f_{\min} < 1$) 的边界方案。对于 $\hat{p} > 2.7\text{AOQL}$ 的受控过程,$p_L = \hat{p}$ 的 AOQL 等值面方案不存在,建议使用 $\hat{p} = 2.7\text{AOQL}$ 时的 AOQL 等值面方案进行过程控制,或选用其他 3 个 CSP 方案。

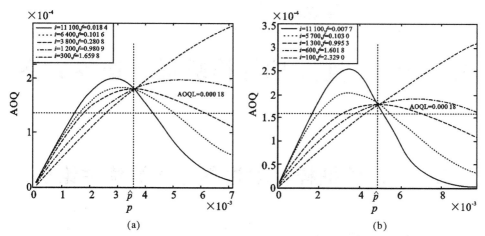

图 4 - 8　AOQL = 0.000 18 时 CSP - T 边界方案的 AOQ 曲线

(a) $\hat{p}$ = 0.000 36；(b) $\hat{p}$ = 0.000 486

第5章　连续抽样检验最优边界方案

5.1　连续抽样检验边界方案最优性论证

5.1.1　最优边界方案

1. 等值面边界方案

受控过程的过程不合格品率($\hat{p}$)可视为常数。当$\hat{p}$为常数时,连续抽样检验方案(CSP)的 AOQ 性能指标随着方案参数i和f的增大而降低。能够获得 AOQ $\leqslant$ AOQL 的 CSP 方案,称为可行方案。恰好使得 AOQ$(i,f,\hat{p})$ = AOQL 的方案,称为边界方案。4.3节论述了 CSPs 系列方案当$\hat{p}$为常数时的可行方案的边界:可行方案参数边界是$p_L = \hat{p}$的 AOQL 等值面方案。因为只有$p_L = \hat{p}$的 AOQL 等值面方案能够对过程的改善和恶化同时进行控制,即过程质量改善和恶化后均能够获得 AOQ $<$ AOQL。$p_L < \hat{p}$的边界方案,当过程往改善方向波动时,不能控制过程质量,即 AOQ $>$ AOQL。$p_L < \hat{p}$的边界方案,当过程往恶化方向波动时,不能控制过程质量,即 AOQ $>$ AOQL。因此,从$\hat{p}$为常数的视角,$p_L = \hat{p}$的 AOQL 等值面方案是唯一可行的边界方案。但是,仍有部分可行方案没有被包含在$(i > i_{\min}, f > f_{\min})$的可行方案域。这部分方案是以$p_L \neq \hat{p}$的 AOQL 等值面方案为边界的可行方案。

考虑受控过程,其过程不合格品率估计为$\hat{p} = 0.000\,43$,在质量约束 AOQL $= 0.000\,18$下,$p_L = \hat{p} = 0.000\,83$的等值面方案是$(i_{\min}, f_{\min}) = (3\,960, 0.2)$,该方案为$\hat{p}$为常数时的可行方案的边界方案。考虑适用于该过程的另外两个等值面方案$(i_1, f_1) = (1\,540, 0.5)$和$(i_2, f_2) = (6\,050, 0.1)$,其中$p_{L1} = 0.000\,83$, $p_{L2} = 0.000\,34$。由性能公式计算可得:AOQ$(\hat{p}, i_1, f_1) = 0.000\,146 < 0.000\,18$,

$AOQ(\hat{p},i_2,f_2)=0.000\ 172>0.000\ 18$。此两个等值面方案能够控制 $\hat{p}=$
$0.000\ 43$ 的受控过程,得到合格过程质量,说明 (i_1,f_1) 和 (i_2,f_2) 为可行方案,
但没有被包含在 $(i>i_{\min},f>f_{\min})$ 的可行方案域。根据 AOQ 性能函数的变化规
律,即随着 i 和(或) f 的增大 AOQ 降低,$(i>i_1,f>f_1)$ 和 $(i>i_2,f>f_2)$ 的
部分可行方案也没有被包含在 $\hat{p}$ 为常数为前提建立的可行方案域 $(i>i_{\min},f>$
$f_{\min})$,如图 5 - 1 所示。

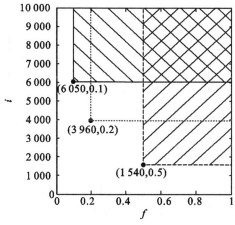

图 5 - 1　未被包含的可行方案域

从图 5 - 1 可以看出,该受控过程的可行方案域 $(i \geqslant 3\ 960,f \geqslant 0.2)$ 没有包
含的可行方案包括 $(i \geqslant 6\ 050,0.1 \leqslant f<0.2)$,$(1\ 540 \leqslant i<3\ 960,f \geqslant 0.5)$。

将这些不是建立在 $\hat{p}$ 为常数的基础上的可行方案称为 AOQL 等值面可行
方案。AOQL 等值面可行方案的边界即为 AOQL 等值面方案,记为 (i_A,f_A)。将
$p_L<\hat{p}$ 的可行方案边界记为 (i_{A1},f_{A1}),将 $p_L>\hat{p}$ 的可行方案边界记为 $(i_{A2},$
$f_{A2})$,并称之为 AOQL 等值面边界。

2. 等值面最优边界方案

AOQL 等值面边界方案与 $\hat{p}$ 为常数的边界方案的 AOQ 性能函数的对比如
图 5 - 2 所示。从图 5 - 2 可以看出,AOQL 等值面边界方案 (i_A,f_A) 能够使得受控
过程 $\hat{p}$ 获得合格的过程质量,$AOQ_{A1}<AOQL$,$AOQ_{A2}<AOQL$。但是,当过程
质量波动时,对改善和恶化两种类型的质量波动,两类方案都只能控制质量合
格,但不能对两类波动都加严控制。显然,(i_{A1},f_{A1}) 类边界方案当过程改善时,

实施控制方案后的过程质量反而有所降低;(i_{A2},f_{A2})类边界方案当过程质量恶化时,实施控制方案后的过程质量降低。

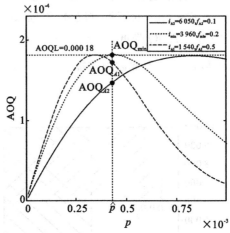

图 5-2　两类可行方案边界的 AOQ 曲线对比

对过程质量波动都能够加严控制的,只有 $p_L = \hat{p}$ 的 AOQL 等值面方案,这个方案同时是最优边界方案(i_{min},f_{min}),将其记为(i_0,f_0),称为最优 CSP 边界方案。显然,最优边界方案是受控过程的边界方案和满足质量需求的等值面方案的唯一交界方案,因此,对于受控过程 $\hat{p}$,存在 $AOQ_{min} = AOQ_{\hat{p}} = AOQ_{p_L} = AOQL$。

AOQL 等值面方案边界的讨论适用于 CSP-1,CSP-2,CSP-V 和 CSP-T 4 种方案,分别将其 $p_L = \hat{p}$ 的最优 CSP 边界方案记为(i_0,f_0)₁,(i_0,f_0)₂,(i_0,f_0)ᵥ,(i_0,f_0)ₜ。

3. 最优边界方案原理

过程合格品率估计($\hat{p}_c$)为常数的受控过程,可对其进行过程控制的最优 CSP 方案为 $p_L = \hat{p}$ 的 AOQL 等值面方案。最优边界方案是边界方案和等值面方案的唯一交界方案,如图 5-3 所示:① 对任意能力水平的受控过程,都能够满足质量需求的 AOQL 等值面方案;② 针对过程不合格品率为 $\hat{p}$ 的受控过程,能够获得 $AOQ_{\hat{p}} = AOQL$ 的所有边界方案。最优控制方案具备以下控制特征:

(1)能够控制受控过程质量,使其恰好等于质量控制需求 AOQL。此特征说明最优边界方案以最小检验数满足质量控制需求,也说明获得合格质量的最小检验数与过程合格品率和质量控制需求之间是一一对应关系。

(2)对加严和改善两类过程波动都能够加严控制。

（3）最优方案唯一，即方案参数、过程合格品率和质量控制需求之间是一一对应关系。此一一对应关系，是方案调整的前提。当过程质量发生波动时，可根据过程能力实时对控制方案进行调整。

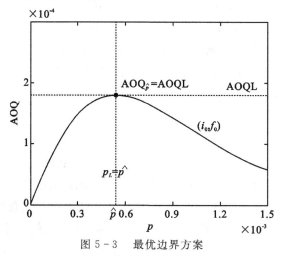

图 5-3　最优边界方案

5.1.2　有效工作区间

受控过程具有统计稳定性，过程合格品率估计量可视为常数。在过程合格品率估计被视为常数的前提下，CSP 最优边界方案针对质量需求 AOQL 而建立，是唯一存在的最优 CSP 控制方案。因此，最优边界方案与过程状态和质量需求 AOQL 是一一对应关系。

对于既定的质量需求 AOQL，应该首先判断过程状态 $(\hat{p}_c)$ 和质量需求（AOQL）的关系。如果 $\hat{p}_c \geqslant 1 - AOQL$（即 $\hat{p} < AOQL$），说明相比于质量需求 AOQL，受控过程的过程质量很高，即使不执行连续抽样检验，过程质量也能够满足质量需求，因此，不必要运行 CSP 进行过程质量控制，只需要采取一定的监控策略，监控过程状态的稳定性和过程波动状况。

如果 $\hat{p}_c < 1 - AOQL$，说明相比于质量需求受控过程的过程质量低，对于质量水平低于质量需求的受控过程，如果不执行 CSP，则过程质量不能满足质量需求，因此必须运行 CSP 进行过程质量控制。但是，运行 CSP 需要成本，CSP 运行成本体现为长期平均检验数 AFI。如果 AFI 过高，则需要耗费很大的人力和物力。如 AFI = 0.9 时，检验接近全检，说明过程能力相比于质量需求已经太低，需要停产修整。根据 AOQ 和 AFI 的关系式 AFI = 1 - AOQ/p，可知特定受控过程

运行最优边界方案进行过程控制时,关系式为 $\text{AFI} = 1 - \text{AOQL}/\hat{p}$。如果界定使得 $\text{AFI} = 0.9$ 的受控过程为最优边界方案运行的边界过程,则得到 $0.9 = 1 - \text{AOQL}/\hat{p}$,即 $\hat{p} = 10\text{AOQL}$。对于 $\hat{p} = 10\text{AOQL}$ 的受控过程,运行最优边界方案进行过程控制时,长期平均检验数 $\text{AFI} = 0.9$,接近全检,过程质量相比于质量需求已经较劣,执行任何 CSP 方案都是不经济的,需要进行停产修整。

经过以上分析可知,受控过程执行最优边界方案进行过程控制时,当受控过程的过程合格品率估计量处于区间 $1 - 10\text{AOQL} < \hat{p_c} < 1 - \text{AOQL}$ 时,执行 CSP 进行过程控制是经济的。$(1 - 10\text{AOQL}, 1 - \text{AOQL})$ 被称为最优边界方案的有效工作区间。

有效工作区间的两个端点,$1 - 10\text{AOQL}$ 和 $1 - \text{AOQL}$ 是最优边界方案运行的过程状态阈值。过程合格品率估计高于 $1 - \text{AOQL}$ 的受控过程,过程能力高,过程质量能够满足质量需求,不必执行 CSP 检验方案进行过程控制。过程合格品率低于 $1 - 10\text{AOQL}$ 的受控过程,过程能力低,从而过程质量较低,执行 CSP 方案会形成大于 90% 的检验比率,依靠 CSP 调整过程质量不经济,需停产修整。

5.1.3　过程合格品率估计置信下限的作用

最优边界方案建立的前提是将受控过程的过程合格品率估计量视为常数。受控过程运行时,新的样本不断被收集,过程状态时刻被监测,过程合格品率估计量实时用新的样本进行计算。过程合格品率估计值随着新样本的出现不断发生变动,这种变动可分为两种情况:随机波动和过程能力变动。对于受控过程发生的随机波动,不必要调整检验策略;但当过程能力发生永久性变动时,需要做出是否调整最优边界方案的决策。这时,需要给定过程能力波动的界限,即当过程能力波动没有超出界限时,不调整检验方案;确定过程波动超出界限后,立即根据当前过程能力估计,对检验方案进行调整。

质量需求固定时,过程合格品率估计量与最优边界方案是一一对应关系,可以根据过程合格品率的变动实时调整最优边界方案参数。最优边界方案参数的实时调整会带来巨大的工作量,且给方案的执行带来困难。根据最优边界方案的控制特征,当过程质量发生波动时,最优边界方案会加严检验,说明实时调整检验方案是不必要的。但当过程波动超出一定范围时,会造成平均检出质量的波动,即造成过程质量的不一致。为限制过程波动范围,使得最优边界方案运行后能够获得较一致的平均检出质量,建立过程合格品率的一定置信水平的置信下限,用以限制过程波动范围,以确保执行当前检验策略能够获得一致的过程质量。当过程合格品率估计量没有超出置信下限时,继续运行最优边界方案;否则,根据过程合格品率估计值重新计算最优边界方案参数。

5.1.4　最优边界方案运行流程及参数计算方法

最优 CSP 边界方案的控制流程如图 5-4 所示。该控制流程适用于 CSP-1,CSP-2,CSP-V 和 CSP-T 四类方案。其中的 (i_0, f_0) 可以是 $(i_0, f_0)_1$,$(i_0, f_0)_2$,$(i_0, f_0)_V$,$(i_0, f_0)_T$ 中的任何一个。最优 CSP 边界方案的运作流程明确了首先对受控过程的质量水平进行判断,判断的依据是质量需求 AOQL 下的检验方案的有效工作区间。对需要进行检验控制的受控过程,生成最优方案参数,运行最优边界方案进行过程控制。检验方案运行过程中,用 p_c^* 决定方案是否需要调整。

在为受控过程选择最优 CSP 边界方案时,考虑受控过程的稳定性(p_c 可估计)特征,根据 CSP 方案的平均检出质量(AOQ)函数随方案参数变化的规律,以样本估计受控过程的 p_c 及其置信下限,建立基于 $\overset{\wedge}{p_c}$ 估计的方案制定方法。

最优 CSP 边界方案对受控过程进行优化与控制时,检验方案的运作依据样本数据的计数特征,过程质量的估计依据数据的计量特征。最优 CSP 边界方案拓展应用受控过程的样本数据的计数和计量信息,在不增加检验工作量的前提下,并行地完成运行数据收集、过程质量估计、满足风险控制需求的过程质量置信下限制定、过程质量水平判断、质量控制策略制定、质量控制策略调整等过程优化与控制任务。

受控过程的最优边界方案是边界方案和等值面方案的唯一交界方案,说明最优边界方案既满足边界条件,又满足等值面条件。4.2 节中的式(4-5)、式(4-8)、式(4-11) 和式(4-14),是 CSP-1,CSP-2,CSP-V 和 CSP-T 满足受控过程(过程合格品率估计为 $\overset{\wedge}{p_c}$)质量控制需求 AOQL 的边界方案等式,将这些等式分别称为这四类 CSP 方案的边界恒等式。仅仅用边界恒等式确定最优方案参数时,必须通过大量计算并使用搜索法,才能够得到最优方案参数。考虑最优边界方案满足等值面条件,可以建立等值面方案满足的恒等式(称为等值面恒等式),将等值面恒等式和边界恒等式联立组成二元一次方程组,即可以方便地求解最优边界方案的两个参数。所谓等值面恒等式是指 AOQL 等值面方案的三个参数(i, f, p_L)组成的等式,见图 3-6。图 3-6 所示的三维曲线是连续的,连续曲线对应的恒等式,即为等值面恒等式。构建等值面恒等式,将其与边界恒等式联立组成二元方程组,则可方便地求得最优边界方案参数。

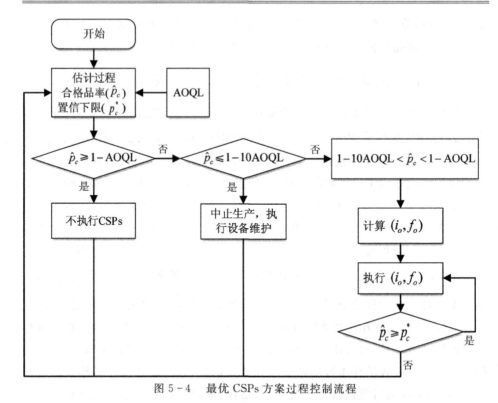

图 5 - 4 最优 CSPs 方案过程控制流程

5.2 单水平连续抽样检验最优边界方案

5.2.1 单水平连续抽样检验最优边界求解

将单水平连续抽样检验最优边界方案记为 OCSP - 1[38]。

从式(3 - 1)求解 AOQ_1 对 p 的偏微分,有

$$\frac{\partial AOQ_1}{\partial p} = \frac{(f(1-f)p_c^i + (1-f)^2 p_c^{2i} - if(1-f)pp_c^{i-1})}{(f + (1-f)p_c^i)^2} \quad (5-1)$$

从式(3 - 13)和式(5 - 1),得到

$$\frac{\mathrm{d}i}{\mathrm{d}p} = \frac{f + (1-f)p_c^i - ifpp_c^{-1}}{fp\ln p_c} \quad (5-2)$$

从式(3 - 17)和式(5 - 1),得到

$$\frac{\mathrm{d}f}{\mathrm{d}p} = (1-f)\frac{f + (1-f)p_c^i - fpip_c^{-1}}{-p} \quad (5-3)$$

令 $\partial AOQ/\partial p = 0$,或者 $\mathrm{d}f/\mathrm{d}p = 0$,或者 $\mathrm{d}i/\mathrm{d}p = 0$,可得到以下相同的恒

等式,即

$$f + (1-f)p_c^i - fpip_c^{-1} = 0 \tag{5-4}$$

式(5-4)即为 CSP-1 的等值面恒等式,即所有等值面方案参数(i, f, p_L)代入能够恒等的式子。将 GB/T 8052—2002 中的表 3A 和表 C.1 对应的值代入式(5-4),发现所有组合下恒等式(5-4)均成立。通过边界恒等式(4-4)和等值面恒等式(5-4),可得受控过程下基于$\hat{p}_c$的 OCSP-1 方案参数求解公式:

$$i_{o1} = \frac{\hat{p}_c}{1 - \hat{p}_c - \text{AOQL}} \tag{5-5}$$

$$f_{o1} = \frac{\hat{p}_c^{i_{o1}}}{\hat{p}_c^{i_{o1}} + (1 - \hat{p}_c)i_{o1}\hat{p}_c^{-1} - 1} \tag{5-6}$$

5.2.2　单水平连续抽样检验最优边界方案参数

不同过程能力的受控过程,在质量需求决定的 CSP 方案的有效工作区间,针对不同的过程合格品率,即不同的K_1和K_2值,表 5-1 ～ 表 5-3 分别给出 3 种质量需求 AOQL = 0.000 18,0.001 43,0.012 2 下的 OCSP-1 方案参数$(i_o, f_o)_1$,并给出 3 种置信水平$\alpha = 0.01, 0.05, 0.1$下过程合格品率的置信下限。其中 OCSP-1 的有效工作区间为$(1-10\text{AOQL}, 1-\text{AOQL})$。该有效工作区间适用于 OCSP-2,OCSP-V,OCSP-T。

表 5-1　不同过程能力受控过程的 OCSP-1 方案参数和置信下限

（AOQL = 0.000 18,$\alpha = 0.01, 0.05, 0.1$）

K_1	K_2	$\hat{p}_c$	$\hat{p}_c^*$			i_o	f_o
			$\alpha = 0.01$	$\alpha = 0.05$	$\alpha = 0.1$		
3.1	3.1	0.998 164	0.990 822	0.994 013	0.995 286	603	0.752 4
3.1	3.2	0.998 433	0.991 569	0.994 535	0.995 711	720	0.7137
3.1	3.3	0.998 627	0.992 160	0.994 936	0.996 033	837	0.677 3
3.1	3.4	0.998 766	0.992 622	0.995 242	0.996 275	947	0.645 1
3.1	3.5	0.998 864	0.992 982	0.995 473	0.996 455	1 045	0.618 1
3.1	3.6	0.998 934	0.993 260	0.995 647	0.996 588	1 127	0.596 6
3.1	3.7	0.998 982	0.993 473	0.995 776	0.996 686	1 192	0.580 3
3.2	3.2	0.998 701	0.992 842	0.995 449	0.996 467	892	0.660 9
3.2	3.3	0.998 895	0.993 432	0.995 850	0.996 789	1 080	0.609 0

续 表

K_1	K_2	$\hat{p}_c$	$\hat{p}_c^*$			i_o	f_o
			$\alpha = 0.01$	$\alpha = 0.05$	$\alpha = 0.1$		
3.2	3.4	0.999 034	0.993 895	0.996 155	0.997 031	1 271	0.561 1
3.2	3.5	0.999 133	0.994 254	0.996 387	0.997 211	1 454	0.519 6
3.2	3.6	0.999 202	0.994 532	0.996 561	0.997 344	1 617	0.485 7
3.2	3.7	0.999 250	0.994 746	0.996 690	0.997 442	1 754	0.459 3
3.3	3.3	0.999 089	0.994 453	0.996 565	0.997 373	1 367	0.538 9
3.3	3.4	0.999 228	0.994 916	0.996 871	0.997 615	1 688	0.471 8
3.3	3.5	0.999 327	0.995 276	0.997 102	0.997 795	2 026	0.411 8
3.3	3.6	0.999 396	0.995 554	0.997 276	0.997 928	2 357	0.361 8
3.3	3.7	0.999 444	0.995 767	0.997 406	0.998 026	2 660	0.322 4
3.4	3.4	0.999 367	0.995 730	0.997 426	0.998 061	2 207	0.383 6
3.4	3.5	0.999 466	0.996 090	0.997 658	0.998 242	2 822	0.303 4
3.4	3.6	0.999 535	0.996 368	0.997 832	0.998 375	3 510	0.236 3
3.4	3.7	0.999 583	0.996 581	0.997 961	0.998 472	4 225	0.184 3
3.5	3.5	0.999 565	0.996 734	0.998 086	0.998 580	3 913	0.205 1
3.5	3.6	0.999 634	0.997 012	0.998 259	0.998 714	5 372	0.1263
3.5	3.7	0.999 682	0.997 226	0.998 389	0.998 811	7 252	0.071 0
3.6	3.6	0.999 703	0.997 519	0.998 587	0.998 969	8 564	0.048 6
3.6	3.7	0.999 751	0.997 732	0.998 716	0.999 066	14 592	0.010 0
3.7	3.7	0.999 800	0.998 10027	0.998 964	0.999 256	49 255	0.000 0

　　从表格 OCSP-1 参数数据可以看出，随着 K_1 和 K_2 的增大，i_o 增加而 f_o 的值降低。质量需求 AOQL 降低时，i_o 减小。当 $1-\alpha$ 减小时，p_c^* 增大。这是因为当 $1-\alpha$ 增大时，置信区间 $[p_c^*, \hat{p}]$ 变宽。

5.2.3　单水平连续抽样检验最优边界方案性能

　　受控过程下 OCSP-1 相比于 CSP-1 方案的优势，除了体现为对受控过程的两个方向的过程波动都能够加严控制外，还表现为三类性能（接收概率，AFI 和 AOQ）具有明显优势。本节选取两个正态分布过程，比较它们的三类性能曲线。两个正态过程分别为 $K_{11} = 3.5, K_{12} = 3.5; K_{21} = 3.1, K_{22} = 3.3$。质量需求

AOQL $= 0.000\,18$，置信下限的置信水平 $\alpha = 0.1$。查表 5-1 可得方案参数：$p_1 = 0.000\,435$，$\hat{p}_{c1}^{*}(\alpha - 0.1) = 0.998\,580$，$(i_{o1}, f_{o1}) = (3\,913, 0.201\,5)$，$p_2 = 0.001\,373$，$\hat{p}_{c2}^{*}(\alpha - 0.1) = 0.996\,033$，$(i_{o2}, f_{o2}) = (837, 0.677\,3)$。现行检验方案为 CSP-1 的 $(i, f) = (6\,050, 0.1)$。

表 5-2　不同过程能力受控过程的 OCSP-1 方案参数和置信下限

（AOQL $= 0.001\,43$，$\alpha = 0.001, 0.05, 0.1$）

K_1	K_2	$\hat{p}_c$	$\hat{p}_c^{*}$			i_o	f_o
			$\alpha = 0.01$	$\alpha = 0.05$	$\alpha = 0.1$		
2.4	2.4	0.984 139	0.956 304	0.966 648	0.971 315	68	0.772 3
2.4	2.5	0.986 077	0.959 512	0.969 276	0.973 659	79	0.742 8
2.4	2.6	0.987 583	0.962 173	0.971 413	0.975 542	90	0.714 2
2.4	2.7	0.988 742	0.964 366	0.973 135	0.977 043	101	0.687 5
2.4	2.8	0.989 624	0.966 160	0.974 513	0.978 228	111	0.663 7
2.4	2.9	0.990 289	0.967 616	0.975 607	0.979 157	120	0.643 2
2.4	3.0	0.990 785	0.968 791	0.976 469	0.979 879	127	0.626 3
2.4	3.1	0.991 152	0.969 731	0.977 141	0.980 435	134	0.612 7
2.5	2.5	0.988 015	0.964 363	0.973 342	0.977 330	94	0.704 8
2.5	2.6	0.989 521	0.967 024	0.975 478	0.979 213	109	0.666 6
2.5	2.7	0.990 680	0.969 217	0.977 201	0.980 714	126	0.630 0
2.5	2.8	0.991 562	0.971 011	0.978 579	0.981 900	141	0.596 4
2.5	2.9	0.992 227	0.972 467	0.979 673	0.982 829	156	0.566 8
2.5	3.0	0.992 723	0.973 642	0.980 534	0.983 550	170	0.541 9
2.5	3.1	0.993 090	0.974 582	0.981 207	0.984 106	181	0.521 7
2.6	2.6	0.991 027	0.971 118	0.978 842	0.982 217	131	0.617 4
2.6	2.7	0.992 186	0.973 311	0.980 565	0.983 718	155	0.568 8
2.6	2.8	0.993 068	0.975 104	0.981 943	0.984 904	180	0.523 0
2.6	2.9	0.993 733	0.976 561	0.983 037	0.985 833	205	0.481 8
2.6	3.0	0.994 229	0.977 735	0.983 898	0.986 554	229	0.446 4
2.6	3.1	0.994 596	0.978 676	0.984 571	0.987 111	250	0.417 3
2.7	2.7	0.993 344	0.976 740	0.983 326	0.986 156	190	0.506 6

续　表

K_1	K_2	$\hat{p_c}$	$\hat{p_c^*}$			i_o	f_o
			$\alpha = 0.01$	$\alpha = 0.05$	$\alpha = 0.1$		
2.7	2.8	0.994 227	0.978 534	0.984 704	0.987 341	229	0.446 6
2.7	2.9	0.994 892	0.979 990	0.985 798	0.988 270	270	0.391 7
2.7	3.0	0.995 388	0.981 165	0.986 660	0.988 992	313	0.343 9
2.7	3.1	0.995 754	0.982 105	0.987 332	0.989 548	354	0.304 2
2.8	2.8	0.995 109	0.981 387	0.986 953	0.989 303	287	0.371 5
2.8	2.9	0.995 774	0.982 844	0.988 047	0.990 232	356	0.302 0
2.8	3.0	0.996 270	0.984 018	0.988 909	0.990 954	433	0.241 7
2.8	3.1	0.996 637	0.984 959	0.989 581	0.991 510	515	0.192 3
2.9	2.9	0.996 439	0.985 200	0.989 864	0.991 798	468	0.219 4
2.9	3.0	0.996 935	0.986 375	0.990 726	0.992 519	610	0.149 6
2.9	3.1	0.997 302	0.987 315	0.991 398	0.993 075	786	0.095 8
3.0	3.0	0.997 431	0.988 308	0.992 182	0.993 758	876	0.077 2
3.0	3.1	0.997 798	0.989 248	0.992 855	0.994 314	129 2	0.030 3
3.1	3.1	0.998 164	0.990 822	0.994 013	0.995 286	246 1	0.003 1

图 5-5(a) ～ (c) 为两个受控过程下 OCSP-1 方案与 CSP-1 方案控制效果的对比。从图 5-5(a) 可以看出，OCSP-1 方案控制下两个受控过程可获得过程质量 $AOQ_{o1} = AOQ_{o2} = AOQL = 0.000\ 18$。OCSP-1 方案的定量化过程质量的控制特征，为并行多过程量化控制提供了条件，当某工序有 N 个过程能力不同的并行加工过程时，分别为各个加工过程建立 OCSP-1 方案，可以获得相同的过程质量 $AOQ_{\hat{p}_1} = AOQ_{\hat{p}_2} = \cdots = AOQ_{\hat{p}_N} = AOQL$。当过程质量发生波动时，OCSP-1 方案总能对过程进行加严控制，获得合格的过程质量。CSP-1 方案也能够控制过程质量，得到 $AOQ_1 < AOQL$ 和 $AOQ_2 < AOQL$，但是 $AOQ_1 \neq AOQ_2$。实施 CSP-1 不能保证过程质量一致，且不能对两个方向的过程波动都加严控制。

从图 5-5(b) 可知，$AFI_{o1} < AFI_1$，$AFI_{o2} < AFI_2$。这意味着 OCSP-1 方案能够以较小的检验工作量满足相同的质量需求 AOQL。

图 5-5(c) 显示，$L(p)_{o1} > L(p)_1$，$L(p)_{o2} > L(p)_2$，且 $L(p)_{o1}$ 与 $L(p)_{o2}$ 大小接近。经过质量控制方案检验控制后的受控过程，应该具有较高的且接近的接收概率。OCSP-1 方案的制定满足了这一要求，而 CSP-1 方案的接收概率与运行控制策略没有达到这一要求。过程 2 经过 CSP-1 控制后，接收概率接近于 0。

表 5－3　不同过程能力受控过程的 OCSP－1 方案参数和置信下限

（AOQL $= 0.012\,2$，$\alpha = 0.01, 0.05, 0.1$）

K_1	K_2	$\hat{p}_c$	$\hat{p}_c^*$			i_o	f_o
			$\alpha = 0.01$	$\alpha = 0.05$	$\alpha = 0.1$		
1.6	1.6	0.892 178	0.821 258	0.843 961	0.855 295	9	0.730 0
1.6	1.7	0.902 323	0.832 307	0.854 328	0.865 274	11	0.703 0
1.6	1.8	0.910 869	0.842 012	0.863 306	0.873 849	12	0.676 1
1.6	1.9	0.917 995	0.850 477	0.871 021	0.881 156	13	0.650 0
1.6	2.0	0.923 877	0.857 807	0.877 598	0.887 329	14	0.625 3
1.6	2.1	0.928 685	0.864 109	0.883 159	0.892 501	16	0.602 5
1.6	2.2	0.932 574	0.869 490	0.887 826	0.896 799	17	0.582 1
1.6	2.3	0.935 689	0.874 051	0.891 710	0.900 340	18	0.564 2
1.6	2.4	0.938 158	0.877 890	0.894 918	0.903 233	19	0.549 1
1.7	1.7	0.912 468	0.846 904	0.868 236	0.878 774	12	0.670 6
1.7	1.8	0.921 014	0.856 609	0.877 214	0.887 349	14	0.637 7
1.7	1.9	0.928140	0.865074	0.884929	0.894656	16	0.6052
1.7	2.0	0.934023	0.872404	0.891505	0.900829	17	0.5739
1.7	2.1	0.938 830	0.878 707	0.897 067	0.906 001	19	0.544 8
1.7	2.2	0.942 719	0.884 088	0.901 734	0.910 299	21	0.518 4
1.7	2.3	0.945 834	0.888 649	0.905 618	0.913 840	23	0.495 1
1.7	2.4	0.948 303	0.892 487	0.908 826	0.916 733	24	0.475 1
1.8	1.8	0.929 560	0.869 650	0.889 476	0.899 163	16	0.598 0
1.8	1.9	0.936 686	0.878 115	0.897 191	0.906 469	18	0.558 2
1.8	2.0	0.942 568	0.885 445	0.903 767	0.912 643	21	0.519 4
1.8	2.1	0.947 376	0.891 748	0.909 329	0.917 815	23	0.482 8
1.8	2.2	0.951 265	0.897 129	0.913 995	0.922 113	26	0.449 2
1.8	2.3	0.954 380	0.901 690	0.917 880	0.925 654	29	0.419 3
1.8	2.4	0.956 849	0.905 528	0.921 087	0.928 547	31	0.393 5
1.9	1.9	0.943 812	0.889 683	0.907 916	0.916 721	21	0.510 4
1.9	2.0	0.949 694	0.897 013	0.914 492	0.922 894	25	0.463 2
1.9	2.1	0.954 502	0.903 316	0.920 054	0.928 067	29	0.418 1
1.9	2.2	0.958 391	0.908 696	0.924 720	0.932 364	33	0.376 3
1.9	2.3	0.961 506	0.913 257	0.928 605	0.935 905	37	0.339 1

续　表

K_1	K_2	$\overset{\wedge}{p_c}$	$\overset{\wedge}{p_c^*}$			i_o	f_o
			$\alpha = 0.01$	$\alpha = 0.05$	$\alpha = 0.1$		
1.9	2.4	0.963 975	0.917 096	0.931 812	0.938 799	40	0.306 8
2.0	2.0	0.955 577	0.907 201	0.923 799	0.931 716	30	0.407 0
2.0	2.1	0.960 384	0.913 503	0.929 361	0.936 889	35	0.352 9
2.0	2.2	0.964 273	0.918 884	0.934 027	0.941 186	41	0.302 7
2.0	2.3	0.967 388	0.923 445	0.937 911	0.944 727	47	0.257 9
2.0	2.4	0.969 858	0.927 284	0.941 119	0.947 621	54	0.219 5
2.1	2.1	0.965 192	0.922 412	0.937 373	0.944 417	43	0.290 0
2.1	2.2	0.969 081	0.927 793	0.942 039	0.948 715	52	0.231 9
2.1	2.3	0.972 196	0.932 354	0.945 924	0.952 256	62	0.180 8
2.1	2.4	0.974 665	0.936 193	0.949 132	0.955 149	74	0.138 2
2.2	2.2	0.972 970	0.935 528	0.948 883	0.955 086	66	0.167 6
2.2	2.3	0.976 085	0.940 089	0.952 767	0.958 627	83	0.113 3
2.2	2.4	0.978 554	0.943 928	0.955 975	0.961 520	106	0.071 0
2.3	2.3	0.979 200	0.946 758	0.958 566	0.963 973	114	0.060 5
2.3	2.4	0.981 669	0.950 596	0.961 774	0.966 866	160	0.025 3

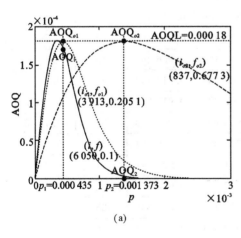

(a)

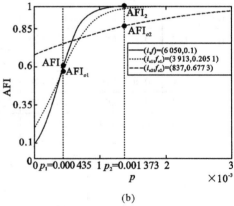

(b)

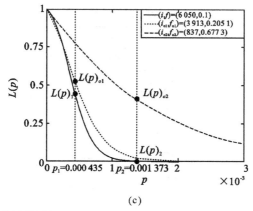

图 5-5　两个正态过程下$(i_{o1},f_{o1}) = (3\,913, 0.205\,1)$和$(i_{o2},f_{o2}) = (837, 0.677\,3)$
与$(i,f) = (6\,050, 0.1)$的曲线对比
(a)AOQ；(b)AFI；(c)OC

5.2.4　应用实例

空调压缩机制造企业,长轴是压缩机气缸的关键零件。长轴的加工工序包括粗车、精车、粗磨、精磨。长轴精磨工序的工序参数设计为(20.976 ± 0.0003)mm。因此,USL $= 20.979$,LSL $= 20.973$mm,目标值 $T = 20.976$mm。质量需求 AOQL $= 0.001\,43$,则有效工作区间 $0.985\,7 < \hat{p}_c < 0.998\,57$。为平衡生产节拍,精磨工序有两台设备。两台设备的生产批量相同,现行 CSP-1 检验方案$(i,f) = (726, 0.1)$。现拟采用 OCSP-1 进行过程控制,对两台设备分别收集 100 个加工数据,列于表 5-4 和表 5-5。图 5-6 和图 5-7 分别所示为两组数据的正态概率图和柱状图。显然,两个过程数据近似服从正态分布,可认为是正态过程。

表 5-4　过程一的 100 个数据　　　　　　　　　　单位:mm

20.977 9	20.975 6	20.974 9	20.975 3	20.978 4	20.976 4	20.976 6	20.976 4	20.975 3	20.976 2
20.974 4	20.976 4	20.974 9	20.975 6	20.973 9	20.975 6	20.976	20.976 9	20.975 3	20.975 6
20.974 4	20.976 2	20.974 6	20.976 6	20.973 9	20.974 6	20.976 2	20.977 2	20.975 2	20.976 5
20.974 4	20.977 2	20.974 4	20.976 9	20.974 4	20.975 2	20.975 6	20.977 9	20.975	20.9765
20.974 6	20.975 9	20.974 4	20.976 4	20.973 6	20.975 2	20.976 6	20.977 1	20.975 5	20.974 9
20.974 9	20.976	20.975 4	20.975 9	20.974 2	20.974 8	20.975 9	20.976 9	20.975	20.975 9
20.975 5	20.976 9	20.975 4	20.977 6	20.974 9	20.975 2	20.976 6	20.976 9	20.975	20.975 9
20.974 3	20.977 1	20.975 5	20.975 9	20.975 2	20.974 9	20.977 2	20.978 2	20.975 7	20.976 4
20.975 5	20.976 4	20.976 9	20.976 2	20.974 2	20.975 9	20.976 9	20.977 3	20.975 9	20.974 8
20.975 9	20.977 3	20.976 4	20.975 2	20.975 2	20.976 4	20.976 8	20.976	20.975 4	

表 5－5　过程二的 100 个数据　　　　　　单位：mm

20.974 6	20.976 6	20.977 8	20.976 2	20.976 6	20.977 1	20.977 1	20.976 5	20.976 8	20.976 6
20.977 1	20.975 4	20.975 6	20.975 7	20.976 1	20.977 1	20.976 1	20.977 4	20.975 8	20.976 8
20.976 5	20.975 1	20.974 7	20.975 1	20.974 9	20.976 8	20.975 8	20.977 3	20.977 1	20.977 1
20.977 1	20.976 6	20.977 4	20.977 4	20.976	20.976 8	20.976 6	20.977 1	20.977 1	20.978 1
20.974 6	20.975	20.974 6	20.975 1	20.974 8	20.975 4	20.975 4	20.975 4	20.975 4	20.975 2
20.975 3	20.975 6	20.975 6	20.975 8	20.976 1	20.975 6	20.976 1	20.975 5	20.975 8	20.975 7
20.974 2	20.974 4	20.973 7	20.974 1	20.975 2	20.975 1	20.974 8	20.974 8	20.975	20.975 5
20.975 3	20.975 2	20.976 4	20.975 8	20.976 1	20.976 5	20.976 6	20.976 6	20.976 5	20.975 8
20.976 6	20.977 7	20.975 6	20.976 7	20.976 5	20.977 4	20.975 6	20.976 8	20.976 5	20.977 6
20.976 7	20.977 3	20.976 6	20.977 6	20.976 4	20.977 5	20.978 2	20.978 4	20.977 2	20.977 9

从表 5－4 和表 5－5 的加工数据可得：$X_1 = 20.975\,82$，$S_1 = 0.001\,055$，$K_{11} = 2.672\,326$，$K_{12} = 3.017\,509$，$\hat{p}_{c1} = 0.995\,17$，$\hat{p}_{c1}^* = 0.980\,457$；$X_2 = 20.976\,17$，$S_2 = 0.001\,014$，$K_{21} = 3.120\,863$，$K_{22} = 2.793\,596$，$\hat{p}_{c2} = 0.996\,65$，$\hat{p}_{c2}^* = 0.984\,962$。

规定 $\alpha = 0.01$，因为 $0.985\,7 < \hat{p}_{c1} < 0.998\,57$，$0.985\,7 < \hat{p}_{c2} < 0.998\,57$，所有两个过程都需要采用 OCSP－1 进行过程质量控制。OCSP－1 控制方案：$(i_{o1}, f_{o1}) = (293, 0.365\,6)$；$(i_{o2}, f_{o2}) = (520, 0.190\,4)$。对两个过程分别实施控制方案 $(i_{o1}, f_{o1}) = (293, 0.365\,6)$ 和 $(i_{o2}, f_{o2}) = (520, 0.190\,4)$。保持最近的 100 个检验数据，计算 $\hat{p}_{c1}$ 和 $\hat{p}_{c2}$。如果 $\hat{p}_{c1} \geqslant 0.988\,477$，$\hat{p}_{c2} \geqslant 0.996\,65$，检验继续。否则，用最近的 100 个检验数据重新构建 OCSP－1 方案。

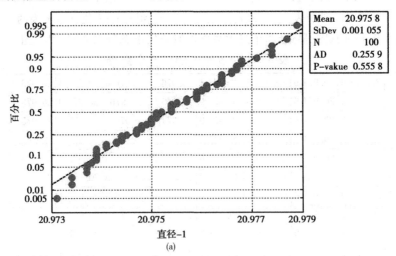

(a)

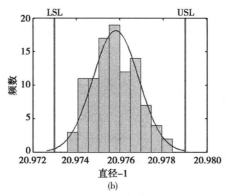

图 5-6　过程一的正态概率图和柱状模拟图

（a）正态概率图；（b）柱状模拟图

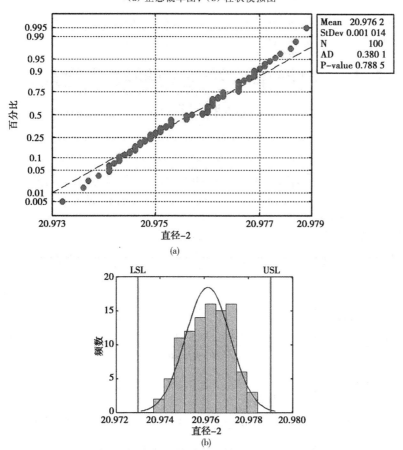

图 5-7　过程二的正态概率图和柱状模拟图

（a）正态概率图；（b）柱状模拟图

表 5 - 6　OCSP - 1 方案与 CSP - 1 方案 AOQ,AFI,$L(p)$ 性能对比

	过程一		过程二	
	$(i_{o1},f_{o1})=(293,0.365\ 6)$	$(i,f)=(762,0.1)$	$(i_{o2},f_{o2})=(520,0.190\ 4)$	$(i,f)=(762,0.1)$
$\overset{\wedge}{p_c}$	0.995 17	0.995 17	0.996 65	0.996 65
p_c^*	0.988 48	—	0.991 50	—
AOQ	0.001 43	0.000 89	0.001 43	0.001 38
AFI	0.704 22	0.816 40	0.573 83	0.588 98
$L(p)$	0.466 23	0.204 00	0.526 39	0.456 69

两个过程 OCSP - 1 方案与 CSP - 1 方案的 AOQ,AFI,$L(p)$ 性能对比见表 5 - 6。显然,OCSP - 1 方案能够获得相同的过程质量。CSP - 1 方案的过程质量显著不同。OCSP - 1 方案的 AFI 值较小,接收概率较高。

5.3　加严单水平连续抽样检验最优边界方案

5.3.1　加严单水平连续抽样检验最优边界求解

将加严单水平连续抽样检验最优边界方案记为 OCSP - 2[139]。

求解 AOQ_2 式(3 - 4)关于 p 的偏微分:

$$\frac{\partial AOQ_2}{\partial p}=\frac{(f-1)p_c^i(fp_c^{3i}-p_c^{3i}-4fp_c^{2i}+4p_c^{2i}+5fp_c^i-4p_c^i+2fip_c^i+2fip_c^{-1}-2fi-2f)}{(f+fp_c^{2i}-p_c^{2i}-2fp_c^i+2p_c^i)^2}$$

$$(5-7)$$

由式(3 - 14)和式(5 - 7),得到

$$\frac{\mathrm{d}i}{\mathrm{d}p}=\frac{fp_c^{3i}-p_c^{3i}-4fp_c^{2i}+4p_c^{2i}+5fp_c^i-4p_c^i+3fip_c^i-2fip_c^{i-1}+2fip_c^{-1}-2fi-2f}{2fp\log p_c(p_c^i-1)}$$

$$(5-8)$$

由式(3 - 18)和式(5 - 7),得到

$$\frac{\mathrm{d}f}{\mathrm{d}p}=\frac{(f-1)(fp_c^{3i}-p_c^{3i}-4fp_c^{2i}+4p_c^{2i}+5fp_c^i-4p_c^i+2fip_c^i-2fip_c^{i-1}+2fip_c^{-1}-2fi-2fi)}{4}$$

$$(5-9)$$

令 $\dfrac{\mathrm{d}i}{\mathrm{d}p}=0$ 或 $\dfrac{\mathrm{d}f}{\mathrm{d}p}=0$，可得到以下相同恒等式：

$$fp_c^{3i}-p_c^{3i}-3fp_c^{2i}+4p_c^{2i}+5p_c^{i}-4p_c^{i}+2fip_c^{i}-2fip_c^{i-1}+2fip_c^{-1}-2fi-2f=0$$

$$(5-10)$$

将 GB/T 8052—2002 的表 4A 和表 C.2 对应的值代入式(5-10)，发现所有组合下恒等式(5-10)均成立。式(5-10)即是所要寻找的满足等值面条件的 CSP-2 的等值面恒等式。则求解 OCSP-2 方案参数 (i_o,f_o) 的边界恒等式和等值面恒等式为

$$\left[\hat{p}(1-\hat{f}_{o2})\hat{p}_c^{i_{o2}}(2-\hat{p}_c^{i_{o2}})\right]/f_{o2}(1-\hat{p}_c^{i_{o2}})^2+\hat{p}_c^{i_{o2}}(2-\hat{p}_c^{i_{o2}})=\text{AOQL}$$

$$(5-11)$$

$$f_{o2}\hat{p}_c^{3i_{o2}}-\hat{p}_c^{3i_{o2}}-4f_{o2}\hat{p}_c^{2i_{o2}}+4\hat{p}_c^{2i_{o2}}+5f_{o2}\hat{p}_c^{i_{o2}}-4\hat{p}_c^{i_{o2}}+2f_{o2}i_{o2}\hat{p}_c^{i_{o2}}-$$

$$2f_{o2}i_{o2}\hat{p}_c^{i_{o2}}+2f_{o2}^{o2}\hat{p}_c^{-1}-2f_{o2}i_{o2}-2f_{o2}=0 \qquad (5-12)$$

5.3.2　加严单水平连续抽样检验最优边界方案参数

为方便实践者应用 OCSP-2 方案，表5-7～表5-9提供了3种质量需求（AOQL＝0.000 18，0.001 43，0.012 2）下的 OCSP-2 方案参数 (i_o,f_o)，并分别给出了三个置信水平 $\alpha(\alpha=0.01,0.05,0.1)$ 下的 p_c^*。K_1 和 K_2 的值由 p_c 的变动范围决定，p_c 在有效工作区间波动，有效工作区间对应不同的质量控制需求 AOQL，即 $1-10\text{AOQL}<\hat{p}_c<1-\text{AOQL}$。当 AOQL＝0.000 18 时，$0.998\,2<\hat{p}_c<0.999\,82$；当 AOQL＝0.001 43 时，$0.985\,7<\hat{p}_c<0.998\,57$；当 AOQL＝0.012 2 时，$0.878<\hat{p}_c<0.987\,8$；表5-7～表5-9显示，$K_1$ 和 K_2 增加时，i_o 增加，f_o 减小。AOQL 降低时，i_o 降低。当 α 升高时，p_c^* 增大。

方案列表中的每一个最优方案服务于特定受控过程和特定质量需求 AOQL，且受控过程处于区间 $1-10\text{AOQL}\leqslant p_c<1-\text{AOQL}$。例如，AOQL＝0.000 18，$\alpha=0.05$，从受控过程采集样本并求得 $K_1=3.5$，$K_2=3.5$，该受控过程需要执行 OCSP-2 方案进行过程优化与控制。从表5-7可得适合该受控过程的 OCSP-2 方案 $(i_o,f_o)=(4\,274,0.289\,2)$ 和 $p_c^*=0.998\,086$。应用 $(i_o,f_o)=(4\,274,0.289\,2)$ 进行检验，保持最新的 100 个检测数据的记录，实时地计算 $\hat{p}_c$。当 $\hat{p}_c\geqslant p_c^*$ 时，继续用当前方案进行抽样检验；$\hat{p}_c<p_c^*$ 时，利用最新样本数据重新建立适合当前过程状态的 OCSP-2 方案。

表 5 − 7 不同过程能力受控过程的 OCSP − 2 方案参数和置信下限

（AOQL $= 0.000\,18, \alpha = 0.01, 0.05, 0.1$）

K_1	K_2	$\hat{p}_c$	$\hat{p}_c^*$			i_o	f_o
			$\alpha = 0.01$	$\alpha = 0.05$	$\alpha = 0.1$		
3.1	3.1	0.998 164	0.990 822	0.994 013	0.995 286	714	0.810 9
3.1	3.2	0.998 433	0.991 569	0.994 535	0.995 711	849	0.779 4
3.1	3.3	0.998 627	0.992 160	0.994 936	0.996 033	983	0.749 3
3.1	3.4	0.998 766	0.992 622	0.995 242	0.996 275	1 108	0.722 4
3.1	3.5	0.998 864	0.992 982	0.995 473	0.996 455	1 220	0.699 0
3.1	3.6	0.998 934	0.993 260	0.995 647	0.996 588	1 312	0.680 5
3.1	3.7	0.998 982	0.993 473	0.995 776	0.996 686	1 385	0.666 1
3.2	3.2	0.998 701	0.992 842	0.995 449	0.996 467	1 046	0.735 6
3.2	3.3	0.998 895	0.993 432	0.995 850	0.996 789	1 258	0.691 3
3.2	3.4	0.999 034	0.993 895	0.996 155	0.997 031	1 473	0.649 1
3.2	3.5	0.999 133	0.994 254	0.996 387	0.997 211	1 675	0.611 9
3.2	3.6	0.999 202	0.994 532	0.996 561	0.997 344	1 855	0.580 6
3.2	3.7	0.999 250	0.994 746	0.996 690	0.997 442	2 004	0.555 9
3.3	3.3	0.999 089	0.994 453	0.996 565	0.997 373	1 579	0.629 3
3.3	3.4	0.999 228	0.994 916	0.996 871	0.997 615	1 933	0.567 5
3.3	3.5	0.999 327	0.995 276	0.997 102	0.997 795	2 299	0.510 1
3.3	3.6	0.999 396	0.995 554	0.997 276	0.997 928	2 654	0.460 2
3.3	3.7	0.999 444	0.995 767	0.997 406	0.998 026	2 975	0.419 4
3.4	3.4	0.999 367	0.995 730	0.997 426	0.998 061	2 494	0.482 0
3.4	3.5	0.999 466	0.996 090	0.997 658	0.998 242	3 145	0.399 3
3.4	3.6	0.999 535	0.996 368	0.997 832	0.998 375	3 860	0.325 3
3.4	3.7	0.999 583	0.996 581	0.997 961	0.998 472	4 591	0.264 4
3.5	3.5	0.999 565	0.996 734	0.998 086	0.998 580	4 274	0.289 2
3.5	3.6	0.999 634	0.997 012	0.998 259	0.998 714	5 746	0.191 5
3.5	3.7	0.999 682	0.997 226	0.998 389	0.998 811	7 606	0.115 4
3.6	3.6	0.999 703	0.997 519	0.998 587	0.998 969	8 893	0.082 0
3.6	3.7	0.999 751	0.997 732	0.998 716	0.999 066	14 782	0.018 7
3.7	3.7	0.999 800	0.998 127	0.998 964	0.999 256	49 257	0.000 0

表 5 - 8　不同过程能力受控过程的 OCSP - 2 方案参数和置信下限

（AOQL $= 0.001\ 43$，$\alpha = 0.01, 0.05, 0.1$）

K_1	K_2	$\hat{p}_c$	$\hat{p}_c^*$			i_o	f_o
			$\alpha = 0.01$	$\alpha = 0.05$	$\alpha = 0.1$		
2.4	2.4	0.984 139	0.956 304	0.966 648	0.971 315	81	0.826 7
2.4	2.5	0.986 077	0.959 512	0.969 276	0.973 659	94	0.802 0
2.4	2.6	0.987 583	0.962 173	0.971 413	0.975 542	106	0.779 9
2.4	2.7	0.988 742	0.964 366	0.973 135	0.977 043	118	0.758 4
2.4	2.8	0.989 624	0.966 160	0.974 513	0.978 228	130	0.737 5
2.4	2.9	0.990 289	0.967 616	0.975 607	0.979 157	140	0.720 5
2.4	3.0	0.990 785	0.968 791	0.976 469	0.979 879	149	0.705 5
2.4	3.1	0.991 152	0.969 731	0.977 141	0.980 435	156	0.694 1
2.5	2.5	0.988 015	0.964 363	0.973 342	0.977 330	110	0.772 7
2.5	2.6	0.989 521	0.967 024	0.975 478	0.979 213	128	0.740 9
2.5	2.7	0.990 680	0.969 217	0.977 201	0.980 714	147	0.708 8
2.5	2.8	0.991 562	0.971 011	0.978 579	0.981 900	165	0.679 7
2.5	2.9	0.992 227	0.972 467	0.979 673	0.982 829	181	0.654 9
2.5	3.0	0.992 723	0.973 642	0.980 534	0.983 550	196	0.632 4
2.5	3.1	0.993 090	0.974 582	0.981 207	0.984 106	209	0.613 6
2.6	2.6	0.991 027	0.971 118	0.978 842	0.982 217	153	0.699 0
2.6	2.7	0.992 186	0.973 311	0.980 565	0.983 718	180	0.656 4
2.6	2.8	0.993 068	0.975 104	0.981 943	0.984 904	208	0.615 0
2.6	2.9	0.993 733	0.976 561	0.983 037	0.985 833	236	0.576 3
2.6	3.0	0.994 229	0.977 735	0.983 898	0.986 554	261	0.543 9
2.6	3.1	0.994 596	0.978 676	0.984 571	0.987 111	284	0.515 7
2.7	2.7	0.993 344	0.976 740	0.983 326	0.986 156	219	0.599 5
2.7	2.8	0.994 227	0.978 534	0.984 704	0.987 341	261	0.543 9
2.7	2.9	0.994 892	0.979 990	0.985 798	0.988 270	306	0.490 2
2.7	3.0	0.995 388	0.981 165	0.986 660	0.988 992	351	0.441 9
2.7	3.1	0.995 754	0.982 105	0.987 332	0.989 548	394	0.400 4
2.8	2.8	0.995 109	0.981 387	0.986 953	0.989 303	324	0.470 2
2.8	2.9	0.995 774	0.982 844	0.988 047	0.990 232	397	0.397 6
2.8	3.0	0.996 270	0.984 018	0.988 909	0.990 954	477	0.331 4

续　表

K_1	K_2	$\hat{p}_c$	$\hat{p}_c^*$			i_o	f_o
			$\alpha = 0.01$	$\alpha = 0.05$	$\alpha = 0.1$		
2.8	3.1	0.996 637	0.984 959	0.989 581	0.991 510	561	0.274 1
2.9	2.9	0.996 439	0.985 200	0.989 864	0.991 798	512	0.306 1
2.9	3.0	0.996 935	0.986 375	0.990 726	0.992 519	657	0.221 2
2.9	3.1	0.997 302	0.987 315	0.991 398	0.993 075	833	0.150 4
3.0	3.0	0.997 431	0.988 308	0.992 182	0.993 758	921	0.124 4
3.0	3.1	0.997 798	0.989 248	0.992 855	0.994 314	1 329	0.053 1
3.1	3.1	0.998 164	0.990 822	0.994 013	0.995 286	2 474	0.006 0

表 5 - 9　不同过程能力受控过程的 OCSP - 2 方案参数和置信下限

（AOQL = 0.012 2, α = 0.01, 0.05, 0.1）

K_1	K_2	$\hat{p}_c$	$\hat{p}_c^*$			i_o	f_o
			$\alpha = 0.01$	$\alpha = 0.05$	$\alpha = 0.1$		
1.6	1.6	0.892 178	0.821 258	0.843 961	0.855 295	11	0.793 0
1.6	1.7	0.902 323	0.832 307	0.854 328	0.865 274	13	0.761 9
1.6	1.8	0.910 869	0.842 012	0.863 306	0.873 849	14	0.746 9
1.6	1.9	0.917 995	0.850 477	0.871 021	0.881 156	16	0.717 6
1.6	2.0	0.923 877	0.857 807	0.877 598	0.887 329	17	0.703 5
1.6	2.1	0.928 685	0.864 109	0.883 159	0.892 501	18	0.689 5
1.6	2.2	0.932 574	0.869 490	0.887 826	0.896 799	20	0.662 6
1.6	2.3	0.935 689	0.874 051	0.891 710	0.900 340	21	0.649 5
1.6	2.4	0.938 158	0.877 890	0.894 918	0.903 233	22	0.636 7
1.7	1.7	0.912 468	0.846 904	0.868 236	0.878 774	14	0.746 9
1.7	1.8	0.921 014	0.856 609	0.877 214	0.887 349	16	0.717 6
1.7	1.9	0.928 140	0.865 074	0.884 929	0.894 656	18	0.689 6
1.7	2.0	0.934 023	0.872 404	0.891 505	0.900 829	20	0.662 6
1.7	2.1	0.938 830	0.878 707	0.897 067	0.906 001	22	0.636 7
1.7	2.2	0.942 719	0.884 088	0.901 734	0.910 299	24	0.611 8
1.7	2.3	0.945 834	0.888 649	0.905 618	0.913 840	26	0.588 0
1.7	2.4	0.948 303	0.892 487	0.908 826	0.916 733	28	0.565 0
1.8	1.8	0.929 560	0.869 650	0.889 476	0.899 163	19	0.675 9
1.8	1.9	0.936 686	0.878 115	0.897 191	0.906 469	21	0.649 5

续　表

K_1	K_2	$\hat{p}_c$	$\hat{p}_c^*$			i_o	f_o
			$\alpha = 0.01$	$\alpha = 0.05$	$\alpha = 0.1$		
1.8	2.0	0.942 568	0.885 445	0.903 767	0.912 643	24	0.611 9
1.8	2.1	0.947 376	0.891 748	0.909 329	0.917 815	27	0.576 4
1.8	2.2	0.951 265	0.897 129	0.913 995	0.922 113	30	0.543 1
1.8	2.3	0.954 380	0.901 690	0.917 880	0.925 654	33	0.511 7
1.8	2.4	0.956 849	0.905 528	0.921 087	0.928 547	35	0.491 8
1.9	1.9	0.943 812	0.889 683	0.907 916	0.916 721	25	0.599 8
1.9	2.0	0.949 694	0.897 013	0.914 492	0.922 894	29	0.553 9
1.9	2.1	0.954 502	0.903 316	0.920 054	0.928 067	33	0.511 7
1.9	2.2	0.958 391	0.908 696	0.924 720	0.932 364	37	0.472 8
1.9	2.3	0.961 506	0.913 257	0.928 605	0.935 905	41	0.436 9
1.9	2.4	0.963 975	0.917 096	0.931 812	0.938 799	45	0.403 9
2.0	2.0	0.955 577	0.907 201	0.923 799	0.931 716	34	0.501 7
2.0	2.1	0.960 384	0.913 503	0.929 361	0.936 889	39	0.454 4
2.0	2.2	0.964 273	0.918 884	0.934 027	0.941 186	46	0.396 0
2.0	2.3	0.967 388	0.923 445	0.937 911	0.944 727	52	0.352 1
2.0	2.4	0.969 858	0.927 284	0.941 119	0.947 621	59	0.307 3
2.1	2.1	0.965 192	0.922 412	0.937 373	0.944 417	48	0.380 8
2.1	2.2	0.969 081	0.927 793	0.942 039	0.948 715	57	0.319 5
2.1	2.3	0.972 196	0.932 354	0.945 924	0.952 256	68	0.258 4
2.1	2.4	0.974 665	0.936 193	0.949 132	0.955 149	80	0.205 5
2.2	2.2	0.972 970	0.935 528	0.948 883	0.955 086	71	0.243 9
2.2	2.3	0.976 085	0.940 089	0.952 767	0.958 627	89	0.173 4
2.2	2.4	0.978 554	0.943 928	0.955 975	0.961 520	111	0.115 4
2.3	2.3	0.979 200	0.946 758	0.958 566	0.963 973	119	0.099 8
2.3	2.4	0.981 669	0.950 596	0.961 774	0.966 866	164	0.045 1
2.4	2.4	0.984 139	0.956 304	0.966 648	0.971 315	271	0.007 8

5.3.3　加严单水平连续抽样检验最优边界方案性能

图 5-8(a) ～ (c) 用性能指标 AOQ,AFI 和接收概率对 OCSP-2 方案和 CSP-2 方案进行对比。考虑了如下两个受控过程:过程一($K_{11} = 3.5, K_{12} =$

$3.6, p_1 = 0.000\ 366$)和过程二($K_{21} = 3.3, K_{22} = 3.5, p_2 = 0.000\ 673$)。已知 $\text{AOQL} = 0.000\ 18$ 和 $\alpha = 0.1$。两个过程生产批量相同,原采用 CSP-2 方案 $(i, f) = (10\ 803, 0.05)$ 进行质量控制。现拟采用 OCSP-2,查表 5-7 得到方案 参数 $(i_{o1}, f_{o1}) = (5\ 746, 0.191\ 5)$ 和 $(i_{o2}, f_{o2}) = (2\ 299, 0.510\ 2)$,过程波动控制 参数 $m_{c1}^*(\alpha = 0.1) = 0.998\ 714$ 和 $p_{c2}^*(\alpha = 0.1) = 0.997\ 795$。图 5-8 的 AOQ 曲线显示,因为批量相同而为两个过程能力不同的过程选择相同的 CSP-2 方 案,能使两个受控过程获得合格的过程质量,$\text{AOQ}_1 < \text{AOQL}, \text{AOQ}_2 < \text{AOQL}$,但 $\text{AOQ}_1 \neq \text{AOQ}_2$。根据受控过程的特定过程参数($p_1, p_2$)而制定的两个 OCSP-2 方案,不但能够获得合格的过程质量,而且能够得到 $\text{AOQ}_{o1} = \text{AOQ}_{o2} = \text{AOQL} = 0.000\ 18$。实践者可以根据质量控制需要降低控制用的 AOQL 值,并为之制定 加严的 OCSP-2 方案,实现 $\text{AOQ}_{o1} = \text{AOQ}_{o2} = \text{AOQL}_{加严} < 0.000\ 18$。可见, AOQL 与 OCSP-2 方案之间是一一对应关系,OCSP-2 方案能够定量控制过程 质量。当同一个加工工序有多个过程能力不同的并行受控过程时,为每个受控过 程制定不同的 OCSP-2 方案,可以获得一致的过程质量。这与当代过程控制的 理念是相符的。

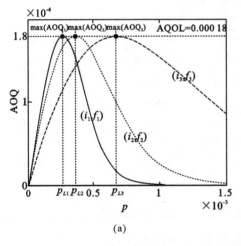

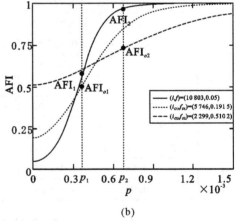

(a)　　　　　　　　　　　　(b)

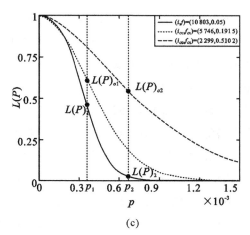

(c)

图 5-8　过程能力不同的两个受控过程 OCSP-2 方案和 AOQL 等值面方案曲线

(a)AOQ；(b)AFI；(C)OC

从图 5-8(a) 还可以观察到,CSP-2 检验方案下,当过程质量恶化时,AOQ 降低;过程质量改善时,AOQ 升高。OCSP-2 方案下,无论过程质量改善还是恶化,AOQ 值都是降低的,说明 OCSP-2 方案对过程质量波动敏感且能做到加严控制过程质量波动。

图 5-8(b) 的 AFI 曲线显示,两个受控过程的 OCSP-2 方案的 AFI 均低于 CSP-2 方案,$AFI_{o1} < AFI_1$,$AFI_{o2} < AFI_2$。说明 OCSP-2 检验方案能在耗用较少检验劳动量的情况下,定量控制过程质量。

图 5-8(c) 的 OC 曲线显示,两个受控过程的 OCSP-2 方案的接收概率都高于 CSP-2 方案,$L(p)_{o1} > L(p)_1$,$L(p)_{o2} > L(p)_2$。稳定但不满足质量需求的受控过程,实施质量控制手段后,过程质量得到改善,理论上应该以较高的概率被接收。CSP-2 方案下,实施检验后,过程二的 AOQ 值较低,应该以较高的概率被接收。但图 5-8(c) 显示,过程二在 CSP-2 控制方案下,被接收的概率很低。这与实际情况不符。OCSP-2 方案克服了 CSP-2 方案的缺陷,过程一和过程二因实施检验方案后的过程质量相同（$AOC_{o1} = AOQ_{o2}$,接收概率也基本一致,$L(p)_{o2}$ 略低于 $L(p)_{o1}$。

5.3.4　应用实例

某空调压缩机制造企业的机加工分场,零件加工和组件装配实行流水线作业。生产线的质量控制手段主要有首检、时检、巡检和连续抽样检验。首检、时检和巡检属于检验部门的生产控制手段,连续抽样检验是由产线班组人员进行的工序质量确保手段。长轴是压缩机泵体的关键零件,外径精磨是长轴加工的关键工序。为平衡生产节拍,外径精磨工序有两台设备。按照日生产批量和质量控制需求(AOQL $= 0.001\,43$),现采用 CSP -2 中 $(i,f) = (1\,793, 0.5)$ 对外径精磨工序进行连续抽样检验。两台设备的外径精磨工序检验工作正面临困境:检验经常陷入全检,但生产设备能力稳定,检验设备先进且性能稳定,零件设计参数和工艺参数正确。质量经理和生产经理合作分析后认为,全检是由于对生产能力和质量控制需求的关系认识不清导致的,拟改善过程控制手段,采用 OCSP -2 进行过程优化与控制。外径精磨工序的长轴外径工艺设计为 (19.973 ± 0.003)mm,USL $= 19.976$mm,LSL $= 19.97$mm,目标值是 19.973mm。质量需求 AOQL $= 0.001\,43$。为了解设备生产能力状态并为制定 OCSP -2 方案做准备,两台设备各收集 100 个连续加工数据,表 5 -10 为设备一的数据,表 5 -11 是设备二的数据。用正态分布图拟合表 5 -10 和表 5 -11 的数据,图 5 -9 所示为正态概率图,图 5 -10 所示为正态柱状图,拟合效果良好。加工数据正态分布拟合的成功说明了两台设备都稳定可控,其加工过程是正态过程,可以采用 OCSP -2 进行过程控制。

利用表 5 -10 的数据计算设备一的各项统计值: $\overline{X}_1 = 19.972\,735, S_1 = 0.001\,058, K_{11} = 2.585\,644, K_{12} = 3.086\,701, \hat{p}_{c1} = 0.994\,360, p_{c1}^* = 0.986\,651$。利用表 5 -11 的数据计算设备二的各项统计值: $\overline{X}_2 = 19.973\,063, S_2 = 0.001\,143, K_{21} = 2.679\,224, K_{22} = 2.569\,011, \hat{p}_{c2} = 0.991\,544, p_{c2}^* = 0.982\,568$。用样本数据估计 p_c^* 时卡方分布的置信水平定为 $\alpha = 0.1$。由以上数据计算可得 $\hat{p}_1 = 1 - \hat{p}_{c1} = 0.005\,64, \hat{p}_2 = 1 - \hat{p}_{c2} = 0.008\,456$。显然,$0.001\,43 < \hat{p}_1 < 0.014\,3$,$0.001\,43 < \hat{p}_2 < 0.014\,3$。两台设备的过程不合格品率估计都在有效工作区间之内,说明两个加工过程都需要采用 OCSP -2 方案进行质量控制。应用式 $(5-11)$ 和式 $(5-12)$,可得相应的 OCSP -2 方案:$(i_{o1}, f_{o1}) = (270, 0.532\,7)$,$(i_{o2}, f_{o2}) = (165, 0.679\,7)$。

表 5 -12 给出两个受控过程由 OCSP -2 和 CSP -2 进行过程控制的性能对比。显然,原来的 CSP -2 方案在当前过程能力和质量需求下过严,导致两个受控过程 100% 的检验比率和 100% 的拒收概率。两个 OCSP -2 方案在保证质量需求的前提下,降低了检验数并提高了接收概率。

执行 OCSP -2 检验方案时,需要用 100 个最新的检验数据实时计算 $\hat{p}_{c1}, \hat{p}_{c2}$。

当 $\hat{p}_{c1} \geqslant 0.986\,651$，$\hat{p}_{c2} \geqslant 0.982\,568$，继续用当前方案进行检验。否则，根据图 5-4 所示流程调整 OCSP-2 方案，以保证过程质量稳定可控。

表 5-10 设备一的 100 个长轴外径数据　　单位：mm

19.973 3	19.972 4	19.972 4	19.972 4	19.972 6	19.972 9	19.971 5	19.972 3	19.971 5	19.972 9
19.972 2	19.972 0	19.974 1	19.972 0	19.972 2	19.972 2	19.971 8	19.970 8	19.971 9	19.973
19.972 4	19.971 6	19.972 5	19.971 9	19.973 4	19.970 5	19.971 6	19.973 6	19.972 9	19.972 4
19.974 1	19.973 8	19.974 7	19.975 2	19.974 3	19.972 6	19.973 6	19.973 8	19.970 3	19.972
19.971 9	19.973 9	19.974 1	19.973 4	19.974 1	19.971 9	19.973 2	19.972 6	19.971 4	19.973 4
19.973 8	19.972 5	19.973 7	19.974 3	19.973 9	19.973 4	19.973 7	19.973 7	19.974 2	19.974 9
19.975 4	19.971 9	19.972 1	19.971 2	19.971 2	19.971 2	19.971 4	19.972 2	19.971 2	19.972 4
19.971 0	19.972 3	19.972 6	19.973 5	19.973 5	19.971 9	19.973 7	19.972 6	19.972 3	19.971 8
19.972 6	19.973 4	19.971 2	19.974 2	19.972 9	19.972 9	19.974 6	19.972 9	19.973 7	19.973 6
19.972 3	19.973 1	19.973 0	19.973 2	19.972 4	19.972 5	19.972 3	19.972 5	19.972 7	19.971 2

表 5-11 设备二的 100 个长轴外径数据　　单位：mm

19.971 6	19.971 0	19.974 8	19.973 2	19.973 6	19.973 6	19.974 1	19.973 5	19.974 2	19.973 6
19.972 3	19.972 3	19.972 6	19.972 8	19.973 1	19.972 6	19.973 5	19.972 5	19.972 8	19.972 7
19.973 8	19.975 2	19.973 4	19.974 1	19.974 1	19.971 4	19.975 1	19.974 4	19.974 4	19.973 3
19.973 3	19.973 6	19.973 6	19.973 5	19.972 8	19.974 7	19.972 6	19.973 0	19.973 5	
19.974 1	19.973 1	19.974 4	19.973 2	19.973 8	19.975 3	19.972 1	19.971 7	19.972 1	19.971 9
19.972 1	19.971 8	19.971 8	19.972 0	19.970 8	19.972 5	19.972 2	19.973 4	19.970 4	19.973 1
19.971 6	19.972	19.971 3	19.972 1	19.971 8	19.972 7	19.972 4	19.972 4	19.972 8	19.972 2
19.973 7	19.974 5	19.973 6	19.974 6	19.973 6	19.974 5	19.973 1	19.975 4	19.974 2	19.974 6
19.974 1	19.972 4	19.970 8	19.972 7	19.973 1	19.973 4	19.973 6	19.973 2	19.974 1	19.974 8
19.971 2	19.971 1	19.971 7	19.971 1	19.971 2	19.973 0	19.973 1	19.973 8	19.973 3	19.974 6

有两点需要在此强调。一是实施 OCSP-2 方案后，过程质量恰好满足质量需求，即便这样，检验数已经很高。设备二的检验数达到 83%，说明两台设备的过程能力相比于质量需求偏低，对设备进行改进，才是最根本的解决办法。二是为保证过程质量高于质量需求，应为受控过程选择加严 OCSP-2 方案。加严策略是令

$\text{AOQL}' = \lambda * \text{AOQL}, 0 < \lambda < 1$，将 AOQL' 代入式(5-11)和式(5-12)计算方案参数。加严方案将保证受控过程的过程质量 $\text{AOQL}' = \text{AOQL}$。

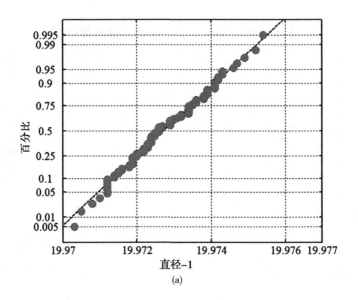

(a)

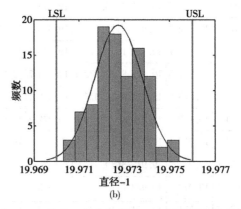

(b)

图 5-9　设备一样本数据的正态概率图和柱状图

（a）正态概率图；（b）柱状图

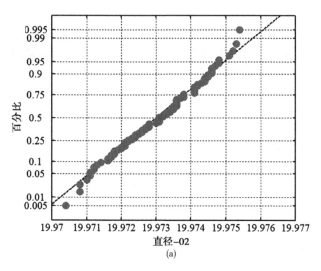

(a)

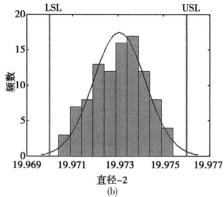

(b)

图 5-10　设备二样本数据的正态概率图和柱状图

（a）正态概率图；（b）柱状图

表 5-12　　性能指标对比

	设备一		设备二	
	$(i_{o1}, f_{o1}) = (270, 0.532\,7)$	$(i, f) = (1\,793, 0.5)$	$(i_{o2}, f_{o2}) = (163, 0.679\,7)$	$(i, f) = (1\,793, 0.5)$
$\hat{p}_c$	0.994 36	0.994 36	0.991 544	0.991 544
p_c^*	0.998 6651	—	0.982 568	—
AOQ	0.00 143	4.45E - 07	0.001 43	4.13E - 09
AFI	0.746 454	0.999 921	0.830 889	1
$L(p)$	0.542 547	0.000 158	0.528 012	9.76E - 07

5.4 放宽单水平连续抽样检验最优边界方案

5.4.1 放宽单水平连续抽样检验最优边界求解

将放宽单水平连续抽样检验最优边界方案记为 OCSP – V[140]。

式（3 – 7）求 p 的偏微分：

$$\frac{\partial AOQ_v}{\partial p} = -(f-1)p_c^i \frac{(-fp_c + fp_c^{i+1} - pp_c^{i+1} + fip) - fp_c^{2i}(p_c + ip) + fp_c^{4i/3}(p_c + ip/2)}{p_c(f + fp_c^{2i} - fp_c^{4i/3} - fp_c^i + p_c^i)^2}$$

$$(5-13)$$

由式（3 – 15）和式（5 – 13），得到

$$\frac{di}{dp} = \frac{3((-fp_c + fp_c^{i+1} - p_c^{i+1} + fip) - fp_c^{2i}(p_c + ip) + fp_c^{4i/3}(p_c + ip/3))}{fpp_c(p_c^{4i/3} - 3p_c^{2i} + 3)\log p_c}$$

$$(5-14)$$

由式（3 – 19）和式（5 – 13），得到

$$\frac{df}{dp} = (f-1)\frac{(-fp_c + fp_c^{i+1} - p_c^{i+1} + fip) - fp_c^{2i1}(pc + ip) + fp_c^{4i/3}(pc + ip/3)}{pp_c(p_c^{2i} - p_c^{4i/3} + 1}$$

$$(5-15)$$

令 $\frac{di}{dp} = 0$ 或 $\frac{df}{dp} = 0$，或 $\frac{\partial AOQ}{dp} = 0$，可得以下相同恒等式：

$$(-fp_c + fp_c^{i+1} - p_c^{i+1} + fip) - fp_c^{2i}(p_c + ip) + fp_c^{4i/3}(p_c + ip/3) = 0$$

$$(5-16)$$

式（5 – 16）即 CSP – V 的等值面恒等式。将 GB/T 8052—2002 中表 5A 和表 C.3 中的参数组合分别代入式（5 – 16），可以验证等值面恒等式的成立。

则受控过程下基于 $\hat{p}$ 的 OCSP – V 检验方案 $(i_o, f_o)_v$ 参数求解方程组为

$$(1 - f_{ov})\hat{p}\hat{p}_c^{i_o V}/(f_{ov} + (1-f_{ov})\hat{p}^{i_o V} - f_{ov}\hat{p}^{4i_o V/3} + f_{ov}\hat{p}^{2i_o V} \qquad (5-17)$$

$$(-f_{ov}\hat{p}_c + f_{ov}\hat{p}_c - \hat{p}^{i_o V+1} + f_{ov}\hat{p}_c) - f_{ov}\hat{p}^{2i_o V}(\hat{p}_c + i_{ov}\hat{p}_c) + f_{ov}\hat{p}^{4i_o V/3}(\hat{p}_c + i_{ov}\hat{p}/3)$$

$$(5-18)$$

5.4.2 放宽单水平连续抽样检验最优边界方案参数

表 5 – 13 ～ 表 5 – 15 为三类 AOQL（AOQL = 0.000 18, 0.001 43, 0.012 2）质量需求提供了有效工作区间内无偏（$K_1 = K_2$）和有偏（$K_1 \neq K_2$）两种情况下 OCSP – V 方案参数 (i_o, f_o)，考虑了三类 α 分位（$\alpha = 0.01, 0.05, 0.1$）下 p_c^*

的取值。

总结表 5-13 ～ 表 5-15 中方案参数 (i_o, f_o) 和 p_c^* 的变化规律可知:i_o 随 k_1 和 k_2 增加而增大,f 随 K_1 和 K_2 增加而减小。i_o 随 AOQL 增大而减小。α 降低时,p_c^* 减小。

5.4.3 放宽单水平连续抽样检验最优边界方案性能

为验证 OCSP-V 方案和 CSP-V 方案正态过程质量控制效果的差别,选取过程能力不同的两个受控过程:过程一 $(K_{11} = 3.4, K_{12} = 3.7, p_1 = 0.000\ 417)$ 和过程二 $(K_{21} = 3.3, K_{22} = 3.3, p_2 = 0.000\ 911)$,分别应用两类方案对两个受控过程进行质量控制,并对比两类方案的 AOQ,AFI 和接收概率曲线。设定质量需求 AOQL = 0.00018 和置信下限风险 $\alpha = 0.05$。假设两受控过程有相同的生产批量,根据生产批量为两过程选取 CSP-V 方案 $(i, f) = (8\ 558, 0.05)$。OCSP-V 根据过程能力参数 $p_{c1} = 1 - p_1 = 0.888\ 583$ 和 $p_{c2} = 1 - p_2 = 0.999\ 089$ 分别为两受控过程制定检验方案:过程一:$(i_{o1}, f_{o1}) = (3\ 908, 0.217\ 8)$,$p_{c1}^*(\alpha = 0.05) = 0.997\ 961$;过程二:$(i_{o2}, f_{o2}) = (1\ 244, 0.596\ 8)$,$p_{c2}^*(\alpha = 0.05) = 0.996\ 565$。

图 5-11(a) ～ (c) 出示了两类方案下两受控过程的 AOQ,AFI 和接收概率曲线。从图 5-11(a) 可以看出,运行 CSP-V 方案后两受控过程的输出质量:$AOQ_1 < AOQL, AOQ_2 < AOQL$,但 $AOQ_1 \neq AOQ_2$;运行 OCSP-V 方案后:$AOQ_{o1} = AOQ_{o2} = AOQL$。从图 5-11(a) 可以观察出 OCSP-V 方案的控制特征:定量控制输出质量;并行多过程输出质量一致;置信下限限定过程波动范围保障单一过程输出质量稳定;恶化和改善两个方向的过程波动都能加严控制。OCSP-V 方案的控制结果符合当代过程控制的理念。OCSP-V 方案的这些优势是 CSP-V 方案不具备的。

从图 5-11(b) 可以看出,两个受控过程运行 OCSP-V 方案和 CSP-V 方案后,$AFI_{o1} < AFI_1, AFI_{o2} < AFI_2$,说明 OCSP-V 方案的 AFI 都较低。这说明 OCSP-V 是在最小的检验劳动量下实现输出质量的定量控制。

从图 5-11(c) 可以看出,两个受控过程运行 OCSP-V 方案和 CSP-V 方案后,$L(p)_{o1} > L(p)_1, L(p)_{o2} > L(p)_2$。OCSP-V 方案接收概率的结果更加符合常识:能力一般的受控过程运行质量控制程序后,质量得以改善,应该以较高的概率接收。CSP-V 方案下,过程二的 AOQ 值较低,应该以较高的概率被接收。但图 5-11(c) 显示,过程二在 CSP-V 方案下被接收的概率很低。这与实际情况不符。OCSP-V 方案做到了对于输出质量相同 $(AOQ_{o1} = AOQ_{o2})$ 的过程,接收概率也基本一致,$L(p)_{o2}$ 略低于 $L(p)_{o1}$。

表 5-13　不同过程能力受控过程的 OCSP-V 方案参数和置信下限

$(AOQL = 0.000\ 18, \alpha = 0.01, 0.05, 0.1)$

K_1	K_2	$\hat{p}_c$	$\hat{p}_c^*$			i_o	f_o
			$\alpha = 0.01$	$\alpha = 0.05$	$\alpha = 0.1$		
3.1	3.1	0.998 164	0.990 822	0.994 013	0.995 286	551	0.793 0
3.1	3.2	0.998 433	0.991 569	0.994 535	0.995 711	657	0.758 8
3.1	3.3	0.998 627	0.992 160	0.994 936	0.996 033	764	0.726 0
3.1	3.4	0.998 766	0.992 622	0.995 242	0.996 275	864	0.696 7
3.1	3.5	0.998 864	0.992 982	0.995 473	0.996 455	953	0.671 7
3.1	3.6	0.998 934	0.993 260	0.995 647	0.996 588	1 027	0.651 7
3.1	3.7	0.998 982	0.993 473	0.995 776	0.996 686	1 086	0.636 2
3.2	3.2	0.998 701	0.992 842	0.995 449	0.996 467	814	0.711 2
3.2	3.3	0.998 895	0.993 432	0.995 850	0.996 789	984	0.663 3
3.2	3.4	0.999 034	0.993 895	0.996 155	0.997 031	1157	0.618 1
3.2	3.5	0.999 133	0.994 254	0.996 387	0.997 211	1 323	0.578 0
3.2	3.6	0.999 202	0.994 532	0.996 561	0.997 344	1471	0.544 8
3.2	3.7	0.999 250	0.994 746	0.996 690	0.997 442	1 596	0.518 4
3.3	3.3	0.999 089	0.994 453	0.996 565	0.997 373	1 244	0.596 8
3.3	3.4	0.999 228	0.994 916	0.996 871	0.997 615	1 536	0.530 7
3.3	3.5	0.999 327	0.995 276	0.997 102	0.997 795	1 845	0.469 6
3.3	3.6	0.999 396	0.995 554	0.997 276	0.997 928	2 149	0.417 4
3.3	3.7	0.999 444	0.995 767	0.997 406	0.998 026	2 429	0.374 9
3.4	3.4	0.999 367	0.995 730	0.997 426	0.998 061	2 010	0.440 4
3.4	3.5	0.999 466	0.996 090	0.997 658	0.998 242	2 579	0.354 0
3.4	3.6	0.999 535	0.996 368	0.997 832	0.998 375	3 224	0.278 6
3.4	3.7	0.999 583	0.996 581	0.997 961	0.998 472	3 908	0.217 8
3.5	3.5	0.999 565	0.996 734	0.998 086	0.998 580	3 609	0.242 3
3.5	3.6	0.999 634	0.997 012	0.998 259	0.998 714	5 029	0.148 2
3.5	3.7	0.999 682	0.997 226	0.998 389	0.998 811	6 917	0.080 8
3.6	3.6	0.999 703	0.997 519	0.998 587	0.998 969	8 258	0.054 6
3.6	3.7	0.999 751	0.997 732	0.998 716	0.999 066	14 452	0.010 5
3.7	3.7	0.999 800	0.998 127	0.998 964	0.999 256	49 255	5.85E-06

表 5 - 14　不同过程能力受控过程的 OCSP - Ⅴ 方案参数和置信下限

（AOQL $= 0.001\ 43, \alpha = 0.01, 0.05, 0.1$）

K_1	K_2	$\hat{p}_c$	$\hat{p}_c^*$			i_o	f_o
			$\alpha = 0.01$	$\alpha = 0.05$	$\alpha = 0.1$		
2.4	2.4	0.984 139	0.956 304	0.966 648	0.971 315	62	0.811 4
2.4	2.5	0.986 077	0.959 512	0.969 276	0.973 659	72	0.784 9
2.4	2.6	0.987 583	0.962 173	0.971 413	0.975 542	82	0.759 5
2.4	2.7	0.988 742	0.964 366	0.973 135	0.977 043	91	0.737 3
2.4	2.8	0.989 624	0.966 160	0.974 513	0.978 228	100	0.715 9
2.4	2.9	0.990 289	0.967 616	0.975 607	0.979 157	109	0.695 1
2.4	3.0	0.990 785	0.968 791	0.976 469	0.979 879	116	0.679 4
2.4	3.1	0.991 152	0.969 731	0.977 141	0.980 435	122	0.666 3
2.5	2.5	0.988 015	0.964 363	0.973 342	0.977 330	85	0.752 0
2.5	2.6	0.989 521	0.967 024	0.975 478	0.979 213	99	0.718 2
2.5	2.7	0.990 680	0.969 217	0.977 201	0.980 714	114	0.683 8
2.5	2.8	0.991 562	0.971 011	0.978 579	0.981 900	128	0.653 4
2.5	2.9	0.992 227	0.972 467	0.979 673	0.982 829	142	0.624 5
2.5	3.0	0.992 723	0.973 642	0.980 534	0.983 550	154	0.600 8
2.5	3.1	0.993 090	0.974 582	0.981 207	0.984 106	164	0.581 9
2.6	2.6	0.991 027	0.971 118	0.978 842	0.982 217	119	0.672 8
2.6	2.7	0.992 186	0.973 311	0.980 565	0.983 718	141	0.626 5
2.6	2.8	0.993 068	0.975 104	0.981 943	0.984 904	164	0.581 9
2.6	2.9	0.993 733	0.976 561	0.983 037	0.985 833	186	0.542 5
2.6	3.0	0.994 229	0.977 735	0.983 898	0.986 554	208	0.506 1
2.6	3.1	0.994 596	0.978 676	0.984 571	0.987 111	227	0.476 8
2.7	2.7	0.993 344	0.976 740	0.983 326	0.986 156	173	0.565 4
2.7	2.8	0.994 227	0.978 534	0.984 704	0.987 341	208	0.506 1
2.7	2.9	0.994 892	0.979 990	0.985 798	0.988 270	246	0.449 4
2.7	3.0	0.995 388	0.981 165	0.986 660	0.988 992	285	0.398 6
2.7	3.1	0.995 754	0.982 105	0.987 332	0.989 548	323	0.355 3
2.8	2.8	0.995 109	0.981 387	0.986 953	0.989 303	261	0.429 1
2.8	2.9	0.995 774	0.982 844	0.988 047	0.990 232	325	0.353 2
2.8	3.0	0.996 270	0.984 018	0.988 909	0.990 954	397	0.285 5

续　表

K_1	K_2	$\hat{p}_c$	$\hat{p}_c^*$			i_o	f_o
			$\alpha = 0.01$	$\alpha = 0.05$	$\alpha = 0.1$		
2.8	3.1	0.996 637	0.984 959	0.989 581	0.991 510	476	0.227 7
2.9	2.9	0.996 439	0.985 200	0.989 864	0.991 798	430	0.259 5
2.9	3.0	0.996 935	0.986 375	0.990 726	0.992 519	567	0.177 0
2.9	3.1	0.997 302	0.987 315	0.991 398	0.993 075	742	0.111 8
3.0	3.0	0.997 431	0.988 308	0.992 182	0.993 758	833	0.089 0
3.0	3.1	0.997 798	0.989 248	0.992 855	0.994 314	1 259	0.033 3
3.1	3.1	0.998 164	0.990 822	0.994 013	0.995 286	2 453	0.003 2

表 5 - 15　不同过程能力受控过程的 OCSP - V 方案参数和置信下限

(AOQL = 0.012 2, $\alpha = 0.01, 0.05, 0.1$)

K_1	K_2	$\hat{p}_c$	$\hat{p}_c^*$			i_o	f_o
			$\alpha = 0.01$	$\alpha = 0.05$	$\alpha = 0.1$		
1.6	1.6	0.892 178	0.821 258	0.843 961	0.855 295	9	0.762 9
1.6	1.7	0.902 323	0.832 307	0.854 328	0.865 274	10	0.741 6
1.6	1.8	0.910 869	0.842 012	0.863 306	0.873 849	11	0.721 0
1.6	1.9	0.917 995	0.850 477	0.871 021	0.881 156	12	0.701 1
1.6	2.0	0.923 877	0.857 807	0.877 598	0.887 329	13	0.681 7
1.6	2.1	0.928 685	0.864 109	0.883 159	0.892 501	14	0.663 0
1.6	2.2	0.932 574	0.869 490	0.887 826	0.896 799	15	0.644 8
1.6	2.3	0.935 689	0.874 051	0.891 710	0.900 340	16	0.627 2
1.6	2.4	0.938 158	0.877 890	0.894 918	0.903 233	17	0.610 1
1.7	1.7	0.912 468	0.846 904	0.868 236	0.878 774	11	0.721 0
1.7	1.8	0.921 014	0.856 609	0.877 214	0.887 349	13	0.681 7
1.7	1.9	0.928 140	0.865 074	0.884 929	0.894 656	14	0.663 0
1.7	2.0	0.934 023	0.872 404	0.891 505	0.900 829	16	0.627 3
1.7	2.1	0.938 830	0.878 707	0.897 067	0.906 001	18	0.593 5
1.7	2.2	0.942 719	0.884 088	0.901 734	0.910 299	19	0.577 4
1.7	2.3	0.945 834	0.888 649	0.905 618	0.913 840	21	0.546 7
1.7	2.4	0.948 303	0.892 487	0.908 826	0.916 733	22	0.532 0
1.8	1.8	0.929 560	0.869 650	0.889 476	0.899 163	15	0.644 8

续　表

K_1	K_2	$\hat{p}_c$	$\hat{p}_c^*$			i_o	f_o
			$\alpha = 0.01$	$\alpha = 0.05$	$\alpha = 0.1$		
1.8	1.9	0.936 686	0.878 115	0.897 191	0.906 469	17	0.610 1
1.8	2.0	0.942 568	0.885 445	0.903 767	0.912 643	19	0.577 4
1.8	2.1	0.947 376	0.891 748	0.909 329	0.917 815	21	0.546 7
1.8	2.2	0.951 265	0.897 129	0.913 995	0.922 113	24	0.504 0
1.8	2.3	0.954 380	0.901 690	0.917 880	0.925 654	26	0.477 6
1.8	2.4	0.956 849	0.905 528	0.921 087	0.928 547	28	0.452 8
1.9	1.9	0.943 812	0.889 683	0.907 916	0.916 721	20	0.561 8
1.9	2.0	0.949 694	0.897 013	0.914 492	0.922 894	23	0.517 8
1.9	2.1	0.954 502	0.903 316	0.920 054	0.928 067	26	0.477 6
1.9	2.2	0.958 391	0.908 696	0.924 720	0.932 364	30	0.429 4
1.9	2.3	0.961 506	0.913 257	0.928 605	0.935 905	33	0.396 9
1.9	2.4	0.963 975	0.917 096	0.931 812	0.938 799	37	0.357 7
2.0	2.0	0.955 577	0.907 201	0.923 799	0.931 716	27	0.465 0
2.0	2.1	0.960 384	0.913 503	0.929 361	0.936 889	32	0.407 3
2.0	2.2	0.964 273	0.918 884	0.934 027	0.941 186	37	0.357 7
2.0	2.3	0.967 388	0.923 445	0.937 911	0.944 727	43	0.306 9
2.0	2.4	0.969 858	0.927 284	0.941 119	0.947 621	50	0.257 8
2.1	2.1	0.965 192	0.922 412	0.937 373	0.944 417	39	0.339 8
2.1	2.2	0.969 081	0.927 793	0.942 039	0.948 715	48	0.270 8
2.1	2.3	0.972 196	0.932 354	0.945 924	0.952 256	58	0.212 3
2.1	2.4	0.974 665	0.936 193	0.949 132	0.955 149	69	0.163 9
2.2	2.2	0.972 970	0.935 528	0.948 883	0.955 086	61	0.197 7
2.2	2.3	0.976 085	0.940 089	0.952 767	0.958 627	78	0.133 7
2.2	2.4	0.978 554	0.943 928	0.955 975	0.961 520	101	0.081 3
2.3	2.3	0.979 200	0.946 758	0.958 566	0.963 973	109	0.069 0
2.3	2.4	0.981 669	0.950 596	0.961 774	0.966 866	157	0.027 3
2.4	2.4	0.984 139	0.956 304	0.966 648	0.971 315	268	0.004 2

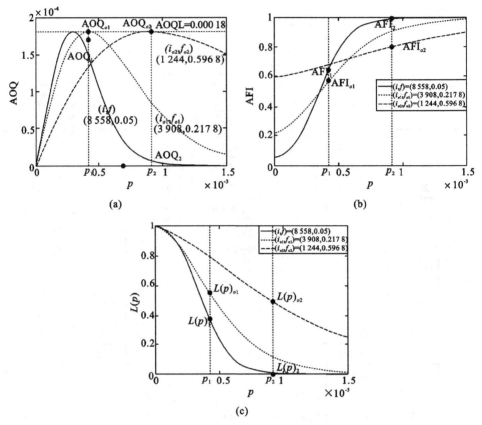

图 5 - 11 两个受控过程的 OCSP - V 方案和 CSP - V 方案的曲线

(a)AOQ；(B)AEI；(C)OC

5.4.4 应用实例

压缩机是空调的核心部件，其零件加工和部件组装实行流水线作业。活塞是泵体组件的关键零件，活塞端高是决定压缩机性能的关键尺寸，端高精度依靠端磨工序保障。为平衡生产节拍，活塞端磨工序有两台设备。质量控制需求 AOQL = 0.001 43，按照日生产批量采用 CSP-V 中 $(i, f) = (1\ 793, 0.5)$ 方案控制工序质量。端磨工序正面临困难：生产设备的过程能力稳定，但检验几乎无法从连续检验过度到分数检验。设备人员认为检验设备性能稳定；工艺人员认为零件设计参数和工艺参数正确。公司决策层研究后认为：CSP - V 无法执行是因为质量控制策略不当导致，拟试用 OCSP - V。活塞端部精磨工艺设计参数为 USL $= 27.77$ mm，LSL $= 27.768$ mm。

依据 OCSP - V 方案运作需求，两台设备各连续收集 100 个数据，分别表 5 - 16（设备一）和表 5 - 17（设备二）。用正态分布图拟合表 5 - 16 和表 5 - 17 的数据，图 5 - 12 是正态概率图，图 5 - 13 是正态柱状图，拟合效果良好。加工数据正态分布拟合的成功说明了两台设备都稳定可控，可以采用 OCSP - V 进行质量控制。

设备一的各项统计值：$\overline{X}_1 = 27.768\ 806$，$S_1 = 0.000\ 326$，$K_{11} = 2.472\ 971$，$K_{12} = 3.663\ 434$，$\hat{p}_{c1} = 0.993\ 414$，$p_{c1}^* = 0.984\ 608$。设备二的各项统计值：$\overline{X}_2 = 27.768\ 751$，$S_2 = 0.000\ 274$，$K_{21} = 2.737\ 678$，$K_{22} = 4.553\ 075$，$\hat{p}_{c2} = 0.997\ 031$，$p_{c2}^* = 0.992\ 005$。卡方分布的 α 分位定为 $\alpha = 0.1$。可得 $\hat{p}_1 = 1 - \hat{p}_{c1} = 0.006\ 586$，$\hat{p}_2 = 1 - \hat{p}_{c2} = 0.002\ 969$。显然，$0.001\ 43 < \hat{p}_1 < 0.014\ 3$，$0.001\ 43 < \hat{p}_2 < 0.014\ 3$。两正态过程的过程不合格品率估计都在有效工作区间，都需要采用 OCSP - V 方案控制过程质量。将数据代入式（5 - 17）和式（5 - 18），可得到分别适用于两正态过程的 OCSP - V 方案：$(i_{o1}, f_{o1}) = (175, 0.561\ 8)$，$(i_{o2}, f_{o2}) = (605, 0.159\ 8)$。按照最优边界方案运行流程对两过程进行控制。

表 5 - 16　设备一的 100 个活塞精磨端高数据　　　单位：mm

27.768 8	27.768 4	27.768 7	27.768 8	27.768 8	27.769 3	27.768 3	27.768 5	27.768 4	27.768 8
27.769 1	27.769 0	27.769 0	27.769 0	27.768 6	27.768 7	27.768 6	27.769	27.769 1
27.769 2	27.768 9	27.769 0	27.769 2	27.768 5	27.768 8	27.768 7	27.769 3	27.768 7	27.769 3
27.768 4	27.768 4	27.768 9	27.768 0	27.768 3	27.768 0	27.768 0	27.768 4	27.768 7	27.768 8
27.768 9	27.769 3	27.769 5	27.769 2	27.769 0	27.768 7	27.768 7	27.769 0	27.768 8	27.768 8
27.768 9	27.768 7	27.769 1	27.769 0	27.769 2	27.769 2	27.769 1	27.768 7	27.768 6
27.768 6	27.768 3	27.769 2	27.769 0	27.769 2	27.769 2	27.769 2	27.768 9	27.768 9
27.769 2	27.768 9	27.769 5	27.769 0	27.768 7	27.768 2	27.768 4	27.768 9	27.769 0	27.768 5
27.769 0	27.768 6	27.768 6	27.768 5	27.769 0	27.768 6	27.768 9	27.768 5	27.768 9	27.769 2
27.768 3	27.768 5	27.769 0	27.769 0	27.769 0	27.769 0	27.769 0	27.769 1	27.769 3	27.769 1

表 5 - 17　设备二的 100 个活塞精磨端高数据　　单位：mm

27.768 3	27.768 3	27.768 4	27.768 8	27.768 5	27.768 5	27.768 5	27.769 1	27.768 7	27.768 8
27.768 6	27.768 9	27.768 6	27.768 8	27.768 8	27.769 2	27.769 4	27.769 1	27.768 6	27.768 6
27.768 7	27.769 0	27.768 2	27.768 0	27.768 2	27.768 5	27.768 8	27.768 5	27.769 0	27.768 9
27.768 6	27.768 6	27.768 9	27.769 0	27.768 8	27.768 6	27.768 9	27.768 6	27.768 6	27.768 8
27.768 7	27.768 7	27.768 9	27.768 8	27.769 1	27.768 5	27.768 6	27.768 4	27.768 5	27.768 7
27.768 8	27.769 4	27.768 9	27.769 0	27.768 8	27.768 5	27.769 1	27.768 7	27.768 8	27.768 6
27.768 7	27.768 5	27.768 7	27.768 7	27.768 9	27.768 3	27.768 8	27.769 0	27.768 7	27.768 7
27.769 2	27.768 7	27.768 4	27.768 8	27.768 8	27.768 9	27.769 1	27.769 2	27.769 1	27.769 0
27.769 0	27.768 5	27.768 3	27.768 6	27.768 7	27.769 0	27.768 8	27.769 2	27.768 6	27.768 5
27.768 3	27.768 5	27.769 0	27.769 0	27.768 5	27.769 0	27.768 9	27.769 1	27.769 3	27.768 9

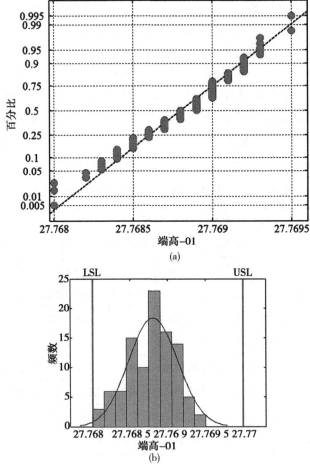

图 5 - 12　设备一加工数据的正态概率图和柱状图

（a）正态概率图；（b）柱状图

由表5-18性能对比显示,CSP-V方案过严,致使两正态过程检验比率和拒收概率都达到100%。执行OCSP-V方案后,过程质量合格的前提下,检验数分别降低21.7%和47.7%,接收概率分别提高59.5%和57.3%。OCSP-V方案运行时,需要保持记录100个最新数据,计算$\hat{p}_{c1}$,$\hat{p}_{c2}$。当$\hat{p}_{c1} \geqslant 0.984\,608$,$\hat{p}_{c2} \geqslant 0.992\,005$,当前方案继续。否则,重新计算OCSP-V方案参数,保障过程质量稳定。

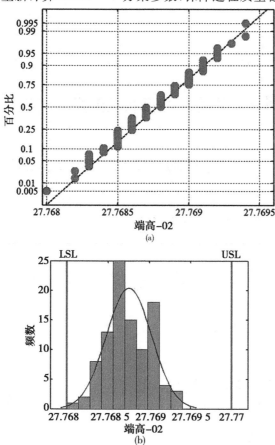

图 5-13　设备二加工数据的正态概率图和柱状图

(a) 正态概率图；(b) 柱状图

表 5-18　OCSP-V 与 CSP-V 性能对比

	设备一		设备二	
	OCSP-V	CSP-V	OCSP-V	CSP-V
	$(i_{o1}, f_{o1}) = (175, 0.561\,8)$	$(i, f) = (1\,793, 0.5)$	$(i_{o2}, f_{o2}) = (605, 0.159\,8)$	$(i, f) = (1\,793, 0.5)$
$\hat{p}_c$	0.993\,414	0.993\,414	0.997\,030	0.997\,030
p_c^*	0.984\,608	—	0.992\,005	—

续　表

	设备一		设备二	
	OCSP – V	CSP – V	OCSP – V	CSP – V
	$(i_{o1}, f_{o1}) = (175, 0.561\ 8)$	$(i, f) = (1\ 793, 0.5)$	$(i_{o2}, f_{o2}) = (605, 0.159\ 8)$	$(i, f) = (1\ 793, 0.5)$
AOQ	0.001 43	4.72E – 08	0.001 43	0.000 014
AFI	0.782 887	0.999 993	0.518 366	0.995 180
$L(p)$	0.595 466	0.000 014	0.573 237	0.009 640

5.5　多水平连续抽样检验最优边界方案

5.5.1　多水平连续抽样检验最优边界求解

将多水平连续抽样检验最优边界方案记为 OCSP – T[141]。

由式(3 – 10)可得 AOQ_T 关于 p 的偏微分,即

$$\frac{\partial \text{AOQ}_T}{\partial p} =$$

$$\frac{(p_c^i(1 + 2p_c^i + 5p_c^{2i} + 4p_c^{3i} + 4p_c^{4i}) + f(1 - 4p_c^{3i} - p_c^i - 2ipp_c^{i-1} - 6ipp_c^{i-1} - ipp_c^{i-1}) + f^2(p_c^i + ipp_c^{-1} - 1))}{p_c^{-i}(f + (1-f)p_c^i + p_c^{2i} + 2p_c^{3i})^2}$$

$$(5 - 19)$$

由式(3 – 16)和式(5 – 19),得到

$$\frac{\mathrm{d}i}{\mathrm{d}p} =$$

$$\frac{p_c^i(1 + 2p_c^i + 5p_c^{2i} + 4p_c^{3i} + 4p_c^{4i}) + f(1 - 4p_c^{3i} - p_c^i - 2ipp_c^{i-1} - 6ipp_c^{i-1} - ipp_c^{i-1}) + f^2(p_c^i + ipp_c^{-1} - 1)}{(f(2p_c^i + 6p_c^{3i} + (1-f))p\ln p_c}$$

$$(5 - 20)$$

由式(3 – 20)和式(5 – 19),得到

$$\frac{\mathrm{d}f}{\mathrm{d}p} =$$

$$\frac{p_c^i(1 + 2p_c^i + 5p_c^{2i} + 4p_c^{3i} + 4p_c^{4i}) + f(1 - 4p_c^{3i} - p_c^i - 2ipp_c^{i-1} - 6ipp_c^{i-1} - ipp_c^{i-1}) + f^2(p_c^i + ipp_c^{-1} - 1)}{(-p(1 + p_c^i + 2p_c^{2i}))}$$

$$(5 - 21)$$

令 $\dfrac{\mathrm{d}i}{\mathrm{d}p} = 0$ 或 $\dfrac{\mathrm{d}f}{\mathrm{d}p} = 0$,可得相同的恒等式为

$$p_c^i(1 + 2p_c^i + 5p_c^{2i} + 4p_c^{3i} + 4p_c^{4i}) + f(1 - 4p_c^{3i} - p_c^i - 2ipp_c^{i-1} -$$
$$6ipp_c^{i-1} - ipp_c^{i-1}) + f^2(p_c^i + ipp_c^{-1} - 1) = 0 \qquad (5 - 22)$$

满足恒等式(5-22)的所有解(i,f,p)($p=1-p_c$)是CSP-T的等值面方案。所有质量需求下的AOQL等值面方案,即(i,f,p_L)都能使得式(5-22)成立。式(5-22)即是所要寻找的CSP-T的满足等值面条件的恒等式。

则受控过程下基于$\hat{p}_c$的OCSP-T的方案参数$(i_o,f_o)_V$的求解方程组为

$$\frac{(1-\hat{p}_c)\left[(1-f_{oT})\hat{p}_c^{i_{oT}}+\hat{p}_c^{2i_{oT}}+2\hat{p}_c^{3i_{oT}}\right]}{\left[f_{oT}+(1-f_{oT})\hat{p}_c^{i_{oT}}+\hat{p}_c^{2i_{oT}}+2\hat{p}_c^{3i_{oT}}\right]}=AOQL \qquad (5-23)$$

$$\hat{p}_c^{i_{oT}}(1+2\hat{p}_c^{i_{oT}}+5\hat{p}_c^{2i_{oT}}+4\hat{p}_c^{3i_{oT}}+4\hat{p}_c^{5i_{oT}})+f_{oT}(1-4\hat{p}_c^{3i_{oT}}-\hat{p}_c^{i_{oT}}-2i_{oT}\hat{p}_c^{3i_{oT}-1}+2i_{oT}\hat{p}_c^{i_{oT}}-$$
$$6i_{oT}\hat{p}_c^{2i_{oT}-1}+6i_{oT}\hat{p}_c^{2i_{oT}}-i_{oT}\hat{p}_c^{-1}+i_{oT})+f_{oT}^2(\hat{p}_c^{i_{oT}}+i_{oT}\hat{p}_c^{-1}-i_{oT}-1)=0$$
$$\qquad (5-24)$$

5.5.2　多水平连续抽样检验最优边界方案参数

为方便过程控制人员应用OCSP-T方案进行过程质量控制,表5-19～表5-21提供了一系列最优CSP-T边界方案的参数(i_o,f_o)。这些最优方案涵盖了3个AOQL=0.000 18,0.001 43,0.012 2和3个置信水平:$\alpha=0.01,0.05,0.1$。表中K_1和K_2的值根据过程合格品率p_c的取值范围确定。

表 5-19　不同过程能力受控过程的 OCSP-T 方案参数和置信下限
（AOQL = 0.000 18,$\alpha=0.01,0.05,0.1$）

K_1	K_2	$\hat{p}_c$	$\hat{p}_c^*$			i_o	f_o
			$\alpha=0.01$	$\alpha=0.05$	$\alpha=0.1$		
3.47	3.47	0.999 512	0.996 458	0.997 906	0.998 440	1291	1.001 0
3.48	3.48	0.999 530	0.996 553	0.997 968	0.998 488	1 457	0.901 9
3.49	3.49	0.999 548	0.996 645	0.998 027	0.998 535	1 650	0.803 3
3.50	3.50	0.999 565	0.996 734	0.998 086	0.998 580	1 878	0.705 1
3.51	3.51	0.999 581	0.996 822	0.998 142	0.998 625	2 147	0.609 2
3.52	3.52	0.999 596	0.996 907	0.998 197	0.998 668	2 465	0.517 1
3.53	3.53	0.999 612	0.996 991	0.998 251	0.998 709	2 839	0.430 9
3.54	3.54	0.999 626	0.997 072	0.998 303	0.998 750	3 276	0.352 4
3.55	3.55	0.999 640	0.997 151	0.998 354	0.998 789	3 780	0.283 2
3.56	3.56	0.999 654	0.997 228	0.998 403	0.998 827	4 351	0.224 3
3.57	3.57	0.999 667	0.997 304	0.998 451	0.998 864	4 994	0.175 0
3.58	3.58	0.999 679	0.997 377	0.998 497	0.998 900	5 717	0.134 5

续　表

K_1	K_2	$\hat{p}_c$	$\hat{p}_c^*$			i_o	f_o
			$\alpha = 0.01$	$\alpha = 0.05$	$\alpha = 0.1$		
3.59	3.59	0.999 692	0.997 449	0.998 542	0.998 935	6 531	0.101 6
3.60	3.60	0.999 703	0.997 519	0.998 587	0.998 969	7 457	0.075 1
3.61	3.61	0.999 715	0.997 587	0.998 629	0.999 002	8 520	0.054 0
3.62	3.62	0.999 725	0.997 653	0.998 671	0.999 033	9 758	0.037 5
3.63	3.63	0.999 736	0.997 718	0.998 711	0.999 064	11 225	0.024 9
3.64	3.64	0.999 746	0.997 781	0.998 751	0.999 094	13 000	0.015 5
3.65	3.65	0.999 756	0.997 842	0.998 789	0.999 123	15 199	0.008 9
3.66	3.66	0.999 765	0.997 902	0.998 826	0.999 152	18 014	0.004 5
3.67	3.67	0.999 774	0.997 961	0.998 862	0.999 179	21 766	0.001 9
3.68	3.68	0.999 783	0.998 018	0.998 897	0.999 206	270 59	0.000 6
3.69	3.69	0.999 792	0.998 073	0.998 931	0.999 231	35 160	0.000 1
3.70	3.70	0.999 800	0.998 127	0.998 964	0.999 256	49 253	0.000 0

表 5 - 20　不同过程能力受控过程的 OCSP - T 方案参数和置信下限

（AOQL $= 0.001\ 43, \alpha = 0.01, 0.05, 0.1$）

K_1	K_2	$\hat{p}_c$	$\hat{p}_c^*$			i_o	f_o
			$\alpha = 0.01$	$\alpha = 0.05$	$\alpha = 0.1$		
2.87	2.87	0.996 079	0.984 136	0.989 059	0.991 110	156	1.033 6
2.88	2.88	0.996 202	0.984 498	0.989 333	0.991 345	173	0.948 0
2.89	2.89	0.996 322	0.984 853	0.989 602	0.991 574	192	0.863 9
2.90	2.90	0.996 439	0.985 200	0.989 864	0.991 798	213	0.782 6
2.91	2.91	0.996 552	0.985 541	0.990 121	0.992 016	238	0.699 0
2.92	2.92	0.996 661	0.985 874	0.990 372	0.992 229	267	0.616 6
2.93	2.93	0.996 768	0.986 201	0.990 617	0.992 437	300	0.537 9
2.94	2.94	0.996 871	0.986 521	0.990 856	0.992 640	339	0.461 3
2.95	2.95	0.996 972	0.986 835	0.991 090	0.992 838	382	0.392 5
2.96	2.96	0.997 069	0.987 142	0.991 319	0.993 031	432	0.328 3

续　表

K_1	K_2	$\hat{p}_c$	$\hat{p}_c^*$			i_o	f_o
			$\alpha = 0.01$	$\alpha = 0.05$	$\alpha = 0.1$		
2.97	2.97	0.997 164	0.987 442	0.991 542	0.993 220	488	0.271 4
2.98	2.98	0.997 256	0.987 737	0.991 761	0.993 403	551	0.221 5
2.99	2.99	0.997 345	0.988 025	0.991 974	0.993 583	620	0.179 2
3.00	3.00	0.997 431	0.988 308	0.992 182	0.993 758	697	0.143 1
3.01	3.01	0.997 515	0.988 584	0.992 386	0.993 929	782	0.112 9
3.02	3.02	0.997 596	0.988 854	0.992 584	0.994 095	876	0.087 9
3.03	3.03	0.997 675	0.989 119	0.992 778	0.994 258	982	0.067 2
3.04	3.04	0.997 752	0.989 379	0.992 968	0.994 416	1 102	0.050 2
3.05	3.05	0.997 826	0.989 632	0.993 153	0.994 570	1 240	0.036 4
3.06	3.06	0.997 898	0.989 881	0.993 333	0.994 721	1 399	0.025 6
3.07	3.07	0.997 968	0.990 124	0.993 509	0.994 868	1 586	0.017 1
3.08	3.08	0.998 035	0.990 361	0.993 681	0.995 011	1 811	0.010 8
3.09	3.09	0.998 101	0.990 594	0.993 849	0.995 150	2 086	0.006 3
3.10	3.10	0.998 164	0.990 822	0.994 013	0.995 286	2 433	0.003 3

表 5 – 21　不同过程能力受控过程的 OCSP – T 方案参数和置信下限

（AOQL = 0.012 2，α = 0.01，0.05，0.1）

K_1	K_2	$\hat{p}_c$	$\hat{p}_c^*$			i_o	f_o
			$\alpha = 0.01$	$\alpha = 0.05$	$\alpha = 0.1$		
2.12	2.12	0.966 885	0.925 196	0.939 832	0.946 705	18	1.034 3
2.13	2.13	0.967 704	0.926 558	0.941 032	0.947 819	20	0.947 5
2.14	2.14	0.968 507	0.927 898	0.942 211	0.948 914	22	0.870 7
2.15	2.15	0.969 292	0.929 219	0.943 371	0.949 989	24	0.802 4
2.16	2.16	0.970 060	0.930 520	0.944 511	0.951 046	26	0.741 5
2.17	2.17	0.970 812	0.931 801	0.945 632	0.952 083	28	0.686 7
2.18	2.18	0.971 547	0.933 063	0.946 734	0.953 102	31	0.614 3
2.19	2.19	0.972 266	0.934 305	0.947 818	0.954 103	33	0.571 8

续　表

K_1	K_2	$\hat{p}_c$	$\hat{p}_c^*$			i_o	f_o
			$\alpha = 0.01$	$\alpha = 0.05$	$\alpha = 0.1$		
2.20	2.20	0.972 970	0.935 528	0.948 883	0.955 086	37	0.497 7
2.21	2.21	0.973 658	0.936 733	0.949 929	0.956 050	40	0.450 2
2.22	2.22	0.974 331	0.937 918	0.950 958	0.956 998	45	0.383 5
2.23	2.23	0.974 989	0.939 086	0.951 969	0.957 928	49	0.339 1
2.24	2.24	0.975 632	0.940 235	0.952 962	0.958 841	54	0.292 4
2.25	2.25	0.976 261	0.941 366	0.953 938	0.959 737	60	0.246 6
2.26	2.26	0.976 876	0.942 479	0.954 897	0.960 616	66	0.209 4
2.27	2.27	0.977 477	0.943 575	0.955 839	0.961 479	72	0.178 9
2.28	2.28	0.978 065	0.944 653	0.956 764	0.962 326	80	0.146 3
2.29	2.29	0.978 639	0.945 714	0.957 673	0.963 157	87	0.123 5
2.30	2.30	0.979 200	0.946 758	0.958 566	0.963 973	96	0.100 1
2.31	2.31	0.979 748	0.947 785	0.959 443	0.964 773	105	0.081 8
2.32	2.32	0.980 283	0.948 795	0.960 303	0.965 557	115	0.065 9
2.33	2.33	0.980 806	0.949 789	0.961 149	0.966 327	127	0.051 3
2.34	2.34	0.981 317	0.950 767	0.961 979	0.967 082	139	0.040 3
2.35	2.35	0.981 815	0.951 729	0.962 794	0.967 823	154	0.030 1
2.36	2.36	0.982 303	0.952 675	0.963 594	0.968 549	170	0.022 3
2.37	2.37	0.982 778	0.953 605	0.964 379	0.969 261	188	0.016 1
2.38	2.38	0.983 243	0.954 520	0.965 150	0.969 959	210	0.011 0
2.39	2.39	0.983 696	0.955 420	0.965 906	0.970 644	235	0.007 2
2.40	2.40	0.984 139	0.956 304	0.966 648	0.971 315	265	0.004 4
2.41	2.41	0.984 571	0.957 174	0.967 377	0.971 972	303	0.002 4
2.42	2.42	0.984 992	0.958 029	0.968 092	0.972 617	349	0.001 2
2.43	2.43	0.985 404	0.958 869	0.968 793	0.973 249	411	0.000 5
2.44	2.44	0.985 805	0.959 696	0.969 481	0.973 868	494	0.000 1

　　对 GB/T 8052-2002 中 CSP-T 的 16 种 AOQL,计算各种受控过程下 OCSP-T 方案,发现当 $\hat{p}$/AOQL > 2.7 时,f_o > 1。OCSP-T 方案的参数 f_o > 1 说明,在

分数检验阶段,一个单位零件需要确认 f_o 次,在实际执行中是不必要的。因此,当过程不合格品率处于区间 $2.7AOQL < p < 10AOQL$ 时,采用 $p = 2.7AOQL$ 的最优边界方案进行过程质量控制。表 5-19 ~ 表 5-21 中 K_1 和 K_2 的值即根据过程合格品率 p_c 的波动范围 $(1 - 2.7AOQL, 1 - AOQL)$ 确定。

由表 5-19 ~ 表 5-21 可以看出,随着 K_1 和 K_2 的增加,OCSP-T 方案的参数 i_o 增加,f_o 减小。AOQL 值减少时,i_o 值降低。当置信水平 $1 - \alpha$ 降低时,过程合格品率 $\hat{p}_c$ 的置信下限 p_c^* 增大。

表 5-19 ~ 表 5-21 中最优边界方案针对特定受控过程(特定 K_1 和 K_2 值)和质量需求 AOQL 而建立。例如,设定质量需求 AOQL = 0.000 18,置信水平 $\alpha = 0.05$,根据样本求得 $K_1 = 3.55, K_2 = 3.55$,查表 5-19,可得 OCSP-T 方案 $(i_o, f_o) = (3\ 780, 0.283\ 2)$ 和过程合格品率的置信下限 $p_c^* = 0.998\ 354$。用方案 $(i_o, f_o) = (3\ 780, 0.283\ 2)$ 对过程质量进行控制,保持记录最新的 100 个检测数据,并计算 $\hat{p}_c$。如果 $\hat{p}_c \geqslant p_c^*$,抽样检验继续。如果 $\hat{p}_c < p_c^*$,则重新计算方案参数,运行最新方案进行过程质量控制,保证输出质量 AOQ = AOQL = 0.000 185。

5.5.3　多水平连续抽样检验最优边界方案性能

图 5-14(a) ~ (c) 为 OCSP-T 方案和 AOQL 等值面方案的 OC,AFI,AOQ 曲线。比较考虑了服务于同一工序的两台设备,其加工数据都服从正态分布,过程能力不同。过程一:$K_{11} = 3.59, K_{12} = 3.59, p_1 = 0.000\ 38$。过程二:$K_{21} = 3.49, K_{22} = 3.49, p_2 = 0.000\ 452$。输出质量需求 AOQL = 0.000 18。过程合格品率置信下限的置信水平 $\alpha = 0.1$。查表 5-19,得到参数:$p_{c1}^* (\alpha = 0.1) = 0.998\ 935, (i_{o1}, f_{o1}) = (6\ 531, 0.010\ 6)$;$p_{c2}^* (\alpha = 0.1) = 0.998\ 935, (i_{o2}, f_{o2}) = (1\ 650, 0.803\ 3)$。根据生产批量,两个过程原来采用的 CSP-T 方案是 (i, f)。

从图 5-14(a) 可以看出,应用 OCSP-T 方案进行过程控制,无论过程质量改善或恶化,OCSP-T 方案都能加严控制波动。两个过程能力不同的受控过程的过程质量一致,$AOQ_{o1} = AOQ_{o2} = AOQL = 0.000\ 18$。对于同一工序的多过程控制,OCSP-T 方案优势显著。OCSP-T 方案根据稳态过程的过程合格品率的估计分别制定检验方案,使得过程能力不同的设备的过程质量相同,符合现代过程控制的理念。CSP-T 的 AOQL 等值面方案能够得到合格的过程质量,$AOQ_1 < AOQL, AOQ_2 < AOQL$,但两个过程的过程质量不同 $AOQ_1 \neq AOQ_2$。不同受控过程的过程质量不等且不能量化,不符合现代过程控制的理念。

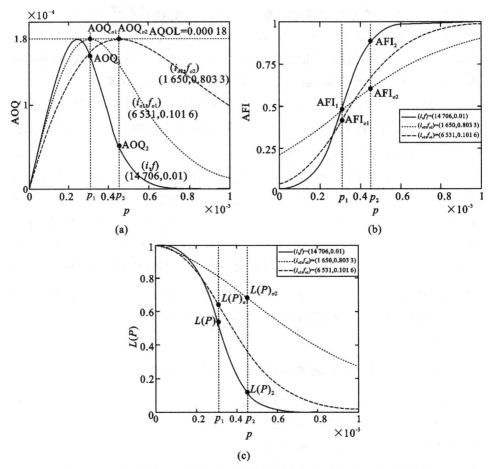

图 5-14　过程能力不同的两个受控过程 OCSP-T 和 CSP-T 方案曲线

(a)AOQ；(b)AFI；(c)OC

　　图 5-14(b) 的长期平均检验数曲线显示，OCSP-T 方案的长期平均检验数低于 AQQL 等值面方案的长期平均检验数，说明 OCSP-T 方案能以较低的检验工作量实现过程质量的定量控制。

　　图 5-14(c) 的 OC 曲线显示，$L(p)_{o1} > L(p)_1$，$L(p)_{o2} > L(p)_2$，两个受控过程的接收概率，OCSP-T 方案都高于 AQQL 等值面方案。这个结果与实际情况是相符的。对于已知的需要用连续抽样检验方案进行控制的受控过程，实施检验后，过程质量符合质量需求，应该以高的概率接收。OCSP-T 方案的接收概率明显提高，特别是对于质量较劣的过程二，采用 OCSP-T 方案进行质量控制后，其过程质量与过程一是一样的，因此，两者的接收概率也是一致的。

5.5.4　应用实例

主轴是空调压缩机的核心零件。短轴外径精磨工序是主轴加工的关键工序。为平衡生产节拍,外径精磨有两台磨床。短轴外径尺寸为(17.976 ± 0.004)mm,上公差限 17.98mm,下公差限 17.972mm,目标值 17.976mm。输出质量需求 AOQL $= 0.000\ 18$。工序现采用 CSP $-$ T 的$(i,f) = (6\ 573,0.1)$进行过程质量控制。根据实践经验,精磨工序质量稳定,拟采用最优 CSP $-$ T 边界方案控制工序输出质量。各收集两台设备的 100 个数据,数据分别列入表 5 $-$ 22 和表 5 $-$ 23。图 5$-$15 和图 5$-$16 是两台设备的加工数据的正态概率图和正态柱状拟合图。显然,两台设备的加工数据近似服从正态分布,说明两台设备的加工过程均稳定可控。

根据表 5 $-$ 22 和表 5 $-$ 23 的观测数据,计算可得设备一的各项统计值: $\overline{X}_1 = 17.976\ 074$, $S_1 = 0.000\ 976$, $K_{11} = 4.196\ 645$, $K_{12} = 4.003\ 931$, $\hat{p}_{c1} = 0.999\ 959$, $p_{c1}^* = 0.999\ 78$;设备二的各项统计值: $\overline{X}_2 = 17.976\ 477$, $S_2 = 0.001\ 043$, $K_{21} = 4.294\ 02$, $K_{22} = 3.379\ 011$, $\hat{p}_{c2} = 0.999\ 65$, $p_{c2}^* = 0.998\ 603$。过程合格品率估计的置信下限的置信水平定为 $\alpha = 0.1$。

表 5 $-$ 22　设备一的 100 个短轴外径数据　　　　单位:mm

17.977 6	17.976 4	17.977 6	17.976 7	17.975 7	17.976 8	17.976 2	17.975 4	17.976 8	17.976 1
17.974 6	17.974 9	17.973 6	17.976 6	17.975 4	17.977 3	17.976 4	17.975 8	17.976 8	17.976 3
17.975 6	17.975 1	17.974 6	17.976 6	17.976 1	17.975 6	17.977 8	17.975 1	17.976 6	17.976 8
17.974 7	17.974 8	17.974 1	17.976 1	17.975 7	17.977 4	17.977 1	17.976 1	17.977 5	17.976 1
17.974 6	17.975 6	17.974 4	17.976 5	17.975 8	17.977 1	17.976 8	17.975 8	17.976 6	17.974 8
17.974 8	17.975 8	17.974 1	17.976 1	17.975 3	17.975 7	17.977 5	17.975 8	17.977 6	17.975 3
17.975 6	17.975 1	17.974 3	17.976 8	17.976 1	17.977 5	17.976 6	17.975 8	17.978 1	17.976 1
17.975 6	17.977 1	17.974 3	17.976 6	17.976 1	17.975 6	17.976 6	17.975 4	17.977 6	17.975 6
17.976 2	17.976 1	17.974 6	17.977 0	17.976 1	17.977 4	17.976 6	17.976 1	17.977 2	17.975 1
17.975 6	17.977 6	17.975 6	17.976 1	17.976 1	17.977 4	17.976 1	17.976 6	17.977 6	17.976 1

表 5 $-$ 23　设备二的 100 个短轴外径数据　　　　单位:mm

17.975 6	17.975 0	17.975 8	17.975 1	17.976 6	17.975 6	17.977 3	17.976 6	17.975 9	17.977 5
17.976 0	17.974 5	17.975 4	17.974 6	17.977 1	17.974 4	17.977 4	17.975 4	17.976 1	17.977 5
17.976 6	17.975 1	17.975 8	17.975 4	17.977 1	17.976 1	17.978 3	17.976 6	17.977 3	17.977 4

续　表

17.976 1	17.974 4	17.975 1	17.975 1	17.976 4	17.976 6	17.977 3	17.976 4	17.976 8	17.976 9
17.976 4	17.974 6	17.975 3	17.975 1	17.977 1	17.975 1	17.977 6	17.977 6	17.977 4	17.977 7
17.976 1	17.975 8	17.975 9	17.975 0	17.976 8	17.976 4	17.977 5	17.976 6	17.977 1	17.978 4
17.977 1	17.975 5	17.976 6	17.975 8	17.976 1	17.976 3	17.977 3	17.976 1	17.976 1	17.979 3
17.977 6	17.975 9	17.975 5	17.976 0	17.978 0	17.976 6	17.977 1	17.976 8	17.976 4	17.977 9
17.977 1	17.976 4	17.976 4	17.974 8	17.977 6	17.977 4	17.978 1	17.976 2	17.975 6	17.977 6
17.977 3	17.976 6	17.976 1	17.975 6	17.977 9	17.976 6	17.977 8	17.976 6	17.977 6	17.979 1

对于设备一，$1 - \overline{\hat{p}_c} = 0.000\ 041$，过程不合格品率估计显然小于 AOQL $=$ $0.000\ 18$。因此，设备一的过程能力相比于质量需求很高，不必采用连续抽样检验方案进行过程控制。设备二的 $\hat{p}_2 = 0.000\ 35$，显然 $0.000\ 18 < \hat{p}_2 <$ $0.000\ 486$，设备二需要采用最优 CSP - T 边界方案进行过程质量控制。用式 $(5-14)$ 和 $(5-15)$，计算可得 $(i_{o1}, f_{o2}) = (4\ 187, 0.239\ 5)$。

设备一只需进行设备稳定性验证的检验，不必执行连续抽样检验。设备二执行 OCSP - T 方案。在检验过程中，保持 100 个最新的检验数据，并计算 $\hat{p}_{c2}$。如果 $\hat{p}_{c2} \geqslant 0.998\ 603$，检验方案继续。如果 $\hat{p}_{c1} < 0.998\ 603$，则根据式 $(5-14)$ 和式 $(5-15)$，调整 OCSP - T 方案参数。

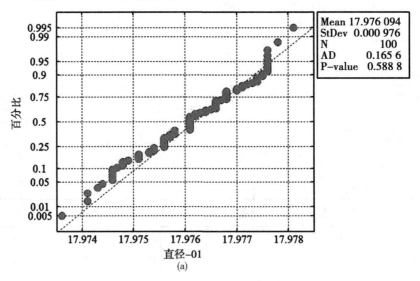

(a)

图 5 - 15　设备一样本数据的正态概率图和柱状图

（a）正态概率图

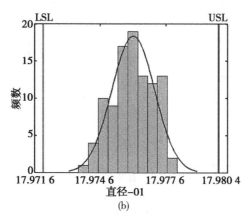

(b)

续图 5-15　设备一样本数据的正态概率图和柱状图

（b）柱状图

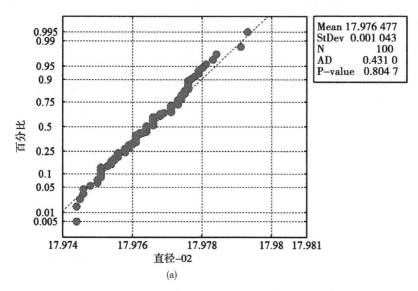

(a)

图 5-16　设备二样本数据的正态概率图和柱状图

（a）正态概率图

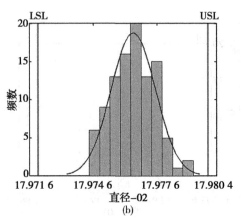

续图 5－16　设备二样本数据的正态概率图和柱状图

（b）柱状图

表5-24给出了两台设备的短轴精磨工序在最优CSP－T边界方案和AOQL等值面方案下的3个性能指标（AOQ，AFI，$L(p)$）。OCSP－T方案判定设备一相比于质量需求，具备高的过程能力，免检，减少了检验工作量。设备二执行OCSP－T方案后，长期平均检验数降低且接收概率提高。

表 5－24　OCSP－T 方案与等值面方案下的性能指标对比

	设备一		设备二	
	不检	$(i,f) = (6\,573, 0.1)$	$(i_{o2}, f_{o2}) = (4\,187, 0.239\,5)$	$(i,f) = (6\,573, 0.1)$
$\overset{\wedge}{p_c}$	0.999 959	0.999 959	0.999 65	0.999 65
p_c^*	0.999 78	—	0.998 603	—
AOQ	0.000 041	0.000 039	0.000 18	0.000 177
AFI	0	0.044 2	0.485 7	0.494 6
$L(p)$	1	0.989 6	0.626 4	0.555 0

可见，OCSP－T方案能够定量控制过程质量，对于多个并行加工过程能够获得相等的过程质量，能够根据过程波动调整检验方案，这是AOQL等值面方案无法做到的。

5.6　最优边界方案的过程控制性能

5.6.1　边界参数、质量约束和过程状态之间的关系

OCSP - 1,OCSP - 2,OCSP - T 和 OCSP - V 四类最优边界方案都是 $p_L = \hat{p}$ 的 AOQL 等值面方案,对过程质量的改善和恶化两类质量波动都能够加严控制。

最优边界参数(i_o, f_o)与质量约束(AOQL)和过程状态$(\hat{p}_c)$之间是一一对应的关系。此一一对应关系意味着可以为特定质量需求和特定受控过程量身订做质量控制方案。

最优边界方案具备下列功能:

(1) 监测过程能力波动,调节过程质量,同时满足质量约束、成本约束和风险约束。

(2) 过程质量可以通过 AOQ 性能指标进行预测,进而预测产品性能。

(3) 过程合格品率估计量反映了生产过程对产品设计的满足程度。最优边界方案将过程合格品率估计与质量需求相关联,即将产品设计、过程能力、质量需求、方案运行的成本约束和风险约束相关联,为实现全生命周期产品控制提供了条件。

5.6.2　最优边界方案过程控制原理说明

连续抽样检验是对在线生产的实时抽样方案,记录其运行过程中的检测数据,用检测数据实时计算过程合格品率估计和其置信下限,做到了对过程状态的实时监测。

依据过程控制质量需求建立了连续抽样检验方案运行的状态阈值,将过程合格品率估计与状态阈值进行实时比较,由此构建了最优边界方案的适用区间。

为保障实施最优边界方案后过程质量的一致性,建立了方案参数调整规则,即用过程合格品率估计的置信下限控制过程状态的波动范围。

最优边界方案用 3 种策略满足成本约束:① 高质量过程的免检策略,即 $\hat{p} <$ AOQL 的受控过程免检。② 高成本过程的终止策略,即 $\hat{p} > 10$AOQL 的受控过程被判断为过程能力相对于质量需求偏低,终止生产。③ 以最低成本执行检验的策略,对于 AOQL $< \hat{p} < 10$AOQL 的受控过程,最优边界方案的长期平均检验数 AFI $= 1 -$ AOQL$/\hat{p}$,因为 AFI $= 1 -$ AOQL$/\hat{p} < 1 -$ AOQ$/\hat{p}$,所以最优边界方案是以最小的检

验数使得受控过程恰能满足质量需求。

最优边界方案的风险控制体现在两个方面。一是通过过程状态阈值进行方案运行的启动和终止。其风险主要由过程状态判定的精确度体现。而截至目前,过程合格品率估计的分布函数依然没有建立,因此,无法确定过程状态判定的风险。二是通过一定置信水平的置信下限进行方案参数的调整。方案参数调整的风险控制通过置信下限的置信水平实现,过程合格品率的极大似然估计的置信下限对过程状态的控制精度显然不够精确。风险控制是最优方案运行的缺陷,有待进一步研究。第 6 章用过程良率指数的分布函数解决了最优边界方案运行的风险控制问题。

第6章　过程良率指数和连续抽样检验集成控制

6.1　集成过程控制的必要性

生产过程均为受控过程,但过程能力水平相差较大的生产线,为保障过程质量满足质量控制需求,管理者根据财力和物力状况,为过程能力水平不同的各加工工序规定能承担的最大检验工作量,即限定检验成本,这时检验方案的成本约束形成。此时,连续抽样检验方案既要满足质量约束,也要满足检验成本约束。

现行的连续抽样检验方案只能满足质量约束,其运行成本体现为长期平均检验数。为了满足成本约束,需要分析长期平均检验数与成本约束的关系。管理者规定的最大检验工作量,即成本约束,可以理解为对工序投入的检验能力,即检验的百分比,如最多可检验 60% 的零件。连续抽样检验的长期平均检验数指标,也是检验百分比。可将成本约束视为长期平均检验数的最大值,即连续抽样检验的长期平均检验数不能超过成本约束下的检验百分比,将成本约束视为长期平均检验数极限,记为 AFI。OCSP-1 以最小检验工作量满足受控过程的质量控制需求,即 OCSP-1 满足成本约束的形式是方案在最小成本下运行。最小检验工作量达到 AFI_L 的受控过程,是成本约束能够承担的最劣过程,称为极限过程。对于过程质量劣于极限过程的受控过程,应停产修整。OCSP-1 判断过程能力水平时,形成的两类风险都很高,且不能根据过程能力波动做出方案终止的决策。

过程良率指数 S_{pk} 是与过程合格品率一一对应的过程能力指标。其估计值和过程合格品率估计值一样,能够精确反映过程能力水平。S_{pk} 分布函数的建立,使得该指标具备了判断过程能力水平判定风险的能力。Wu 利用 $\hat{S}_{pk}$ 的正态分布属性建立了能够同时控制两类风险的批量产品检验方案,该方案能够对批次产品质量做出判断,并将两类风险控制在给定水平[7]。Wu 的方案建立了用 $\hat{S}_{pk}$ 的正态分布属性同时控制两类风险的控制思路。

Wu 的风险控制策略适用于过程控制。受控过程控制的关键点在于：对高于质量控制需求的受控过程，以高的概率接收；对于过程能力低于极限过程的受控过程，以高的概率拒收。即受控过程的过程不合格品率 $\hat{p}$，如果满足 $\hat{p} < \text{AOQL}$，可认为该受控过程是高质量过程，应该以高的概率接收 $(1 - \alpha)$；如果用最大的检验能力（AFI）进行检验，淘汰或修正次品后，过程质量刚好满足 AOQL，则这样的受控过程即为极限过程。因为如果过程能力再降低，则检验能力无法保障过程质量合格。将极限过程的过程不合格品率记为 p_{IQL}。过程质量低于极限过程的受控过程 $(\hat{p} > p_{\text{IQL}})$，可认为是低质量过程，应该以低的概率接收 (β)。基于此分析受控过程风险控制的关键点为 $(\hat{p} = \text{AOQL}, \alpha)$ 和 $(\hat{p} = p_{\text{IQL}}, \beta)$，或者记为 (AOQL, α) 和 (p_{IQL}, β)。

应用 S_{pk} 与 p 之间的一一对应关系，过程控制关键点可以转化为 $(S_{\text{AOQL}}, \alpha)$ 和 (S_{IQL}, β)。由这两个关键点可建立基于过程良率指数估计 $\hat{S}_{pk}$ 的精确分布的过程控制方案。

满足质量约束和成本约束的风险控制方案弥补了连续抽样检验无法同时控制两类风险的缺陷。只要找到能够满足质量约束，同时能够充分发挥检验能力的连续抽样检验方案，则就为过程控制建立了过程良率指数和连续抽样检验的集成过程控制方案[142−145]。

6.2　集成过程控制方案设计

6.2.1　约束变量生成

满足质量控制需求是过程控制的首要目标。平均检出质量极限（AOQL）被视为质量约束变量。将成本约束转化为长期平均检验数极限（AFI_L）。对于 $p = p_{\text{IQL}}$ 的正态过程，必然有 $\text{AFI} = \text{AFI}_L$ 和 $\text{AOQ} = \text{AOQL}$ 同时成立。根据关系式 $\text{AFI} = -\text{AOQ}/p$（$p$ 是过程不合格品率），极限过程下，$\text{AFI}_L = -\text{AOQL}/p_{\text{IQL}}$。显然，$p_{\text{IQL}} > \text{AOQL}$。$\text{AFI}_L$（$p_{\text{IQL}}$）为集成控制方案的成本约束变量。高质量水平的正态过程，$p \leqslant$

AOQL,以高的概率接收,$L(p) \leqslant$ AOQL $\geqslant -\alpha$;低质量水平的正态过程,$p \geqslant p_{\mathrm{IQL}}$,应该以低的概率接收,$L(p > p_{\mathrm{IQL}}) \leqslant \beta$。$\alpha$是第一类风险,即拒收高质量过程的风险;$\beta$为第二类风险,即接收低质量过程的风险。$\alpha, \beta$为风险约束变量。

6.2.2　满足质量和成本约束的单水平连续抽样检验

CSP-1的质量控制方案应能够同时满足质量约束AOQL和成本约束AFI,根据CSP-1的AOQ和AFI性能函数,建立约束不等式组,则有

$$(1-f)pp_c^i/(f+(1-f)p_c^i) \leqslant \text{AOQL} \tag{6-1}$$

$$f/(f+(1-f)p_c^i) \leqslant \text{AFI}_L \tag{6-2}$$

式中,$p \leqslant p_{\mathrm{IQL}}$。

显然,所有AOQL等值面方案能够满足不等式(6-1)表达的质量约束。图6-1(a)示出了给定约束AOQL和AFI_L下,所有AOQL等值面方案的AOQ函数曲线。根据p_L与p_{IQL}的关系,将AOQL等值面方案分为(i_L, f_L),(i_2, f_2)和(i_3, f_3)3种。(i_L, f_L)代表了$p_L = p_{\mathrm{IQL}}$的AOQL等值面方案。(i_2, f_2)代表了$p_L > p_{\mathrm{IQL}}$的AOQL等值面方案。(i_3, f_3)代表了$p_L < p_{\mathrm{IQL}}$的AOQL等值面方案。(i_2, f_2)和(i_3, f_3)都分别包含了无穷多个AOQL等值面方案。(i_L, f_L)只有一个AOQL等值面方案。

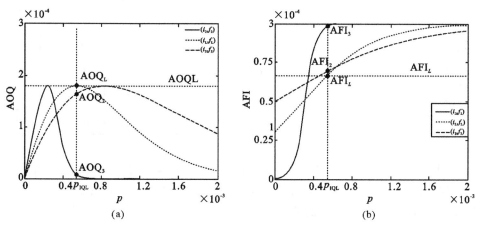

图6-1　确定最佳方案参数的曲线

(a)AOQ；(b)AFI

图6-1(b)所示为3种方案的AFI函数曲线。从图6-1(b)可以看出,当p

$\leqslant p_{IQL}$ 时,满足成本约束 AFI 的 AOQL 等值面方案只有方案(i_L,f_L)。因此,$p_L = p_{IQL}$ 的 AOQL 等值面方案(i_L,f_L) 是能够同时满足质量和成本约束的唯一的 CSP - 1 方案。

从图 6 - 1(a) 可以看出,随着 p 值增大到极限过程 p_{IQL},方案(i_L,f_L) 的 AOQ 逐渐增大到 AOQL;AFI 逐渐增大到 AFI_L。当 $p < p_{IQL}$ 时,方案(i_L,f_L) 能得到合格的过程质量 AOQ < AOQL 且能够保证 AFI < AFI_L。当 $p = p_{IOL}$ 时,AOQ = AOQL 且 AFI = AFI_L。

根据式(5 - 5) 和式(5 - 6) 可得,求解最优 CSP - 1 方案参数(i_L,f_L) 的公式为

$$i_L = \frac{q_{IQL}}{p_{IQL} - AOQL} \tag{6-3}$$

$$f_L = \frac{q_{IQL}^i}{q_{IQL}^i + p_{IQL} i q_{IQL}^{-1} - 1} \tag{6-4}$$

式中,$q_{IQL} = 1 - p_{IQL}$。

表 6 - 1   满足质量约束 AOQL 和成本约束 AFI_L 的 CSP - 1 检验方案(i_L,f_L)

AOQL = 0.000 18				AOQL = 0.001 43				AOQL = 0.012 2			
AFI_L	p_{IQL}	i_L	f_L	AFI_L	p_{IQL}	i_L	f_L	AFI_L	p_{IQL}	i_L	f_L
0.500 0	0.000 36	5 554	0.119 2	0.500 0	0.002 86	697	0.119 5	0.500 0	0.024 4	80	0.121 8
0.666 7	0.000 54	2 776	0.308 6	0.666 7	0.004 29	348	0.309 2	0.666 7	0.036 6	39	0.314 5
0.750 0	0.000 72	1 851	0.441 7	0.750 0	0.005 72	232	0.442 5	0.750 0	0.048 8	26	0.449 8
0.800 0	0.000 90	1 388	0.534 2	0.800 0	0.007 15	174	0.535 1	0.800 0	0.061 0	19	0.543 7
0.833 3	0.001 08	1 110	0.601 1	0.833 3	0.008 58	139	0.602 2	0.833 3	0.073 2	15	0.611 7
0.857 1	0.001 26	925	0.651 5	0.857 1	0.010 01	115	0.652 7	0.857 1	0.085 4	12	0.662 9
0.875 0	0.001 44	793	0.690 8	0.875 0	0.011 44	99	0.692 0	0.875 0	0.097 6	11	0.702 8
0.888 9	0.001 62	693	0.722 2	0.888 9	0.012 87	86	0.723 5	0.888 9	0.109 8	9	0.734 7

表 6-1 给出了三种质量约束(AOQL = 0.000 18,0.001 43,0.012 2)和8种成本约束下的质量控制方案参数(i_L,f_L)。在给定的质量约束 AOQL 下,随着 p_{IQL} 增大,i_L 的值降低,f_L 的值增大。在相同成本约束下,随着质量约束的降低,i_L 值显著降低,f_L 值稍微增大。

从图 6 - 1(b) 可以看出,当 $p > p_{IQL}$ 时,(i_L,f_L) 依然能满足质量约束 AOQ < AOQL,但不能满足成本约束,AFI > AFI_L。当过程质量 $\hat{p} > p_{IQL}$ 时,应该中止生产。然而,CSP - 1 的中止策略犯第一类错误和第二类错误的概率都很高。因此,

需要重新设计质量和成本约束下的风险控制方案。

6.2.3　基于过程良率指数的过程控制

由过程控制的两个关键点(S_{AOQL}, α)和(S_{IQL}, β)可知,OC 曲线需要同时通过两个关键点。S_{AOQL}对应于$p = AOQL$的受控过程;S_{IQL}对应于$p = p_{IQL}$的受控过程。利用S_{pk}进行风险控制的含义是对于受控过程,如果$\hat{S}_{pk} > S_{AOQL}$,以高于$1 - \alpha$的概率接收;如果$\hat{S}_{pk} > S_{IQL}$,以高于$1 - \beta$的概率拒收。

对于正态过程$S_{pk} = S'$,根据式(2−28),可得 OC 函数[7] 为

$$P(\hat{S}_{pk} \geqslant S_0 \mid S_{pk} = S') = \int_{\pi}^{\infty} \sqrt{\frac{18n}{\pi}} \frac{\phi(3S')}{\sqrt{a^2 + b^2}}$$

$$\exp\left[-\frac{18n\phi(3S')}{a^2 + b^2} \times (x - S')^2\right]\mathrm{d}x, \ -\infty < x < +\infty \tag{6−5}$$

由两个风险控制关键点(S_{AOQL}, α)和(S_{IQL}, β),可得风险控制不等式为

$$P_1(\hat{S}_{pk} \geqslant S_0 \mid S_{pk} = S_{AOQL}) = \int_{S_0}^{\infty} \sqrt{\frac{18n}{\pi}} \frac{\phi(3S_{AOQL})}{\sqrt{a^2 + b^2}}$$

$$\exp\left[-\frac{18n\phi(3S_{AOQL})}{a^2 + b^2} \times (x - S_{AOQL})^2\right]\mathrm{d}x \geqslant 1 - \alpha \tag{6−6}$$

$$P_2(\hat{S}_{pk} \geqslant S_0 \mid S_{pk} = S_{IQL}) = \int_{S_0}^{\infty} \sqrt{\frac{18n}{\pi}} \frac{\phi(3S_{IQL})}{\sqrt{a^2 + b^2}}$$

$$\exp\left[-\frac{18n\phi(3S_{IQL})}{a^2 + b^2} \times (x - S_{IQL})^2\right]\mathrm{d}x \leqslant \beta \tag{6−7}$$

式(6−6)和式(6−7)可视为关键值S_0和样本量n的函数,可将两式的边界条件记为

$$S_1(n, S_0) = \int_{S_0}^{\infty} \sqrt{\frac{18n}{\pi}} \frac{\phi(3S_{AOQL})}{\sqrt{a^2 + b^2}}$$

$$\exp\left[-\frac{18n\phi(3S_{AOQL})}{a^2 + b^2} \times (x - S_{AOQL})^2\right]\mathrm{d}x - (1 - \alpha) \tag{6−8}$$

$$S_2(n, S_0) = \int_{S_0}^{\infty} \sqrt{\frac{18n}{\pi}} \frac{\phi(3S_{IQL})}{\sqrt{a^2 + b^2}}$$

$$\exp\left[-\frac{18n\phi(3S_{IQL})}{a^2 + b^2} \times (x - S_{IQL})^2\right]\mathrm{d}x - \beta \tag{6−9}$$

边界条件是满足风险约束的最低条件,式(6-8)和式(6-9)在0水平的共同解可同时满足两类风险,图6-2和图6-3是式(6-8)和式(6-9)的解的曲面图和等值线图。显然,式(6-8)和式(6-9)在0水平有唯一解(n,s_0)。这个解同时是不等式(6-6)和式(6-7)的唯一边界解,是可同时满足两类风险的唯一边界条件。(n,s_0)参数的控制模式为检验n个样本,求$\hat{S}_{pk}$,如果$\hat{S}_{pk} > s_0$,继续执行检验方案,否则,终止检验。

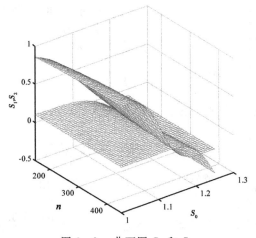

图6-2　曲面图S_1和S_2

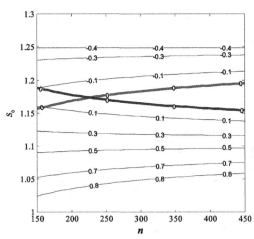

图6-3　S_1和S_2的等值线图

值得注意的是风险控制参数(n,s_0)与质量约束(AOQL)、成本约束(p_{IQL})、两类风险控制参数(α,β)是一一对应关系。

6.2.4　集成过程控制步骤

将集成过程控制方案记为 $\text{OCSP}_1 - S_{pk}$。

给定约束变量 $\text{AOQL}, \text{AFI}, \alpha$ 和 β，生成集成控制方案 (i_L, f_L, n, s_0)，步骤如下：

(1) 按照 CSP-1 的运作程序执行 (i_L, f_L)；

(2) 记录 n 个数据，用 n 个数据计算 $\hat{S}_{pk}$：

1) 如果 $\hat{S}_{pk} \geqslant s_n$，继续 (1)；

2) 如果 $\hat{S}_{pk} < s_n$，停产修整。

值得一提的是集成控制方案没有增加检验工作量，风险控制方案 (n, s_0) 利用 (i_L, f_L) 检验数据计算关键值。显然集成控制方案利用数据的计数特征进行质量控制，利用数据的计量特征进行风险控制。

6.3　集成控制方案与连续抽样检验方案的比较

6.3.1　方案列表

集成过程控制方案 (i_L, f_L, n, s_0) 中，(I_L, f_L) 控制过程质量，(n, s_0) 是能够同时满足两类风险、质量和成本约束的方案终止规则。表 6-2 ～ 表 6-4 给出了四类约束分别取 3 个值的情况下的集成控制方案，其中 $\alpha = 0.01, 0.02, 0.1$；$\beta = 0.01, 0.05, 0.1$；$\text{AOQL} = 0.000\,18, 0.001\,43, 0.012\,2$；$\text{AFI}_L = 0.666\,7, 0.8, 0.857\,1$。根据 $\text{AFI}_L, p_{\text{IQL}}, S_{\text{IQL}}$ 之间的一一对应关系，可得质量约束 $S_{\text{AOQL}} = 1.248\,5 (\text{AOQL} = 0.000\,18)$ 下的成本约束 $S_{\text{IQL}} = 1.153\,4, 1.106\,7, 1.075\,0 (\text{AFI}_L = 0.666\,7, 0.8, 0.857\,1)$；质量约束 $S_{\text{AOQL}} = 0.106\,28 (\text{AOQL} = 0.001\,43)$ 下的成本约束 $S_{\text{IQL}} = 0.952\,0, 0.896\,6, 0.858\,5 (\text{AFI}_L = 0.666\,7, 0.8, 0.857\,1)$；质量约束 $S_{\text{AOQL}} = 0.835\,4 (\text{AOQL} = 0.012\,2)$ 下的成本约束 $S_{\text{IQL}} = 0.696\,7, 0.624\,5, 0.573\,4 (\text{AFI}_L = 0.666\,7, 0.8, 0.857\,1)$。从表 6-2 ～ 表 6-4 可以看出，当 α 和（或）β 变大时，n 减小，s_0 降低。给定 S_{AOQL}, α 和 β，n 和 s_0 随着 S_{IQL} 降低而减小。随着 S_{AOQL} 降低，S_{IQL}, α 和 β 相同时，n 和 s_0 同时减小。可见，n 和 s_0 具有相同的变动趋势，即随着约束变量的变动而同时增大或者减小。S_{AOQL} 和 S_{IQL} 一定时，当 $\alpha = \beta$ 相等时，s_0

相同,但 n 随着 α 和 β 的增大而减小。

表 6 - 2　质量约束 $S_{AOQL} = 1.0485(AOQL = 0.000\,18)$ 和
三类成本、风险约束下的 $OCSP_1 - S_{pk}$

α	β	$S_{IQL} = 1.153\,4$ $(AFI_L = 0.666\,7)$ $(i_L, f_L) = (2\,776, 0.308\,6)$		$S_{IQL} = 1.075\,0$ $(AFI_L = 0.857\,1)$ $(i_L, f_L) = (925, 0.651\,5)$		$S_{IQL} = 1.106\,7$ $(AFI_L = 0.8)$ $(i_L, f_L) = (1\,388, 0.534\,2)$	
		n	s_0	n	s_0	n	s_0
0.01	0.01	1 688	1.198 5	740	1.173 0	485	1.155 3
	0.05	1 271	1.189 5	551	1.161 0	362	1.140 6
	0.10	1 046	1.185 0	459	1.152 0	305	1.130 8
0.05	0.01	1 229	1.206 0	523	1.185 0	345	1.170 2
	0.05	843	1.198 5	370	1.173 0	242	1.155 3
	0.10	673	1.192 5	296	1.164 0	195	1.144 6
0.1	0.01	996	1.212 0	431	1.194 0	279	1.180 8
	0.05	661	1.204 5	290	1.182 0	188	1.166 1
	0.10	512	1.198 5	225	1.173 0	147	1.155 3

表 6 - 3　质量约束 $S_{AOQL} = 1.062\,8(AOQL = 0.001\,43)$ 和
三类成本、风险约束下的 $OCSP_1 - S_{pk}$

α	β	$S_{IQL} = 0.952\,0$ $(AFI_L = 0.666\,7)$ $(i_L, f_L) = (348, 0.309\,2)$		$S_{IQL} = 0.858\,5$ $(AFI_L = 0.8571)$ $(i_L, f_L) = (115, 0.652\,7)$		$S_{IQL} = 0.896\,6$ $(AFI_L = 0.8)$ $(i_L, f_L) = (174, 0.535\,1)$	
		n	s_0	n	s_0	n	s_0
0.01	0.01	874	1.003 5	371	0.972 0	239	0.949 8
	0.05	655	0.994 5	281	0.958 5	181	0.932 7
	0.10	554	0.988 5	236	0.948 0	153	0.921 4
0.05	0.01	639	1.012 5	266	0.987 0	168	0.967 4
	0.05	437	1.003 5	186	0.972 0	120	0.949 8
	0.10	358	0.997 5	150	0.961 5	97	0.937 3
0.1	0.01	508	1.020 0	214	0.996 0	135	0.979 9
	0.05	346	1.011 0	144	0.982 5	92	0.962 4
	0.10	265	1.003 5	113	0.972 0	73	0.949 8

表 6 - 4　　质量约束 $S_{AOQL} = 0.835\ 4(AOQL = 0.012\ 2)$ 和

三类成本、风险约束下的 $OCSP_1 - S_{pk}$

α	β	$S_{IQL} = 0.696\ 7$ $(AFI_L = 0.666\ 7)$ $(i_L, f_L) = (39, 0.314\ 5)$		$S_{IQL} = 0.573\ 4$ $(AFI_L = 0.857\ 1)$ $(i_L, f_L) = (12, 0.662\ 9)$		$S_{IQL} = 0.624\ 5$ $(AFI_L = 0.8)$ $(i_L, f_L) = (19, 0.543\ 7)$	
		n	s_0	n	s_0	n	s_0
0.01	0.01	324	0.759 0	129	0.714 0	78	0.680 0
	0.05	246	0.747 0	99	0.696 0	61	0.659 0
	0.10	206	0.739 5	85	0.685 5	52	0.645 2
0.05	0.01	229	0.771 0	89	0.732 0	53	0.702 6
	0.05	163	0.759 0	65	0.714 0	39	0.680 0
	0.10	133	0.750 0	53	0.701 2	32	0.664 7
0.1	0.01	187	0.780 0	71	0.745 5	42	0.718 8
	0.05	127	0.768 0	49	0.726 7	29	0.696 1
	0.10	100	0.759 0	39	0.714 0	24	0.680 0

6.3.2　接收概率曲线比较

图 6-4 ～ 图 6-6 所示为两类 CSP-1 等值面方案和不同风险的两个 $OCSP_1 - S_{pk}$ 方案的 OC 曲线的比较。给定的四类约束（AOQL，AFI_L，α，β）下，两个 $OCSP_1 - S_{pk}$ 方案的 OC 曲线斜率较大。质量约束相同时，随着成本约束的增大，OC 曲线向左移动，斜率虽有降低趋势，但依然比较理想。CSP-1 等值面方案斜率较理想的 OC 曲线，其对应的方案参数可执行性差，i 值太大 f 值太小；斜率不理想的曲线可执行性较好。这恰恰说明现行等值面方案对过程控制的不适应。

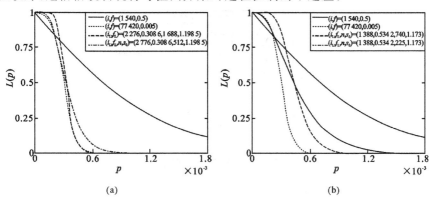

(a)　　　　　　　　　　　　　　　　(b)

图 6 - 4　　质量约束 AOQL = 0.000 18 和三类成本约束下 $OCSP_1 - S_{pk}$

方案和 CSP-1 方案的 OC 曲线比较

(a) $AFI_L = 0.6667$；(b) $AFI_L = 0.8$

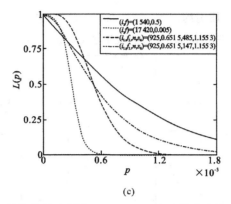

(c)

续图 6-4 质量约束 AOQL = 0.000 18 和三类成本约束下 $OCSP_1 - S_{pk}$
方案和 CSP-1 方案的 OC 曲线比较

(c)$AFI_L = 0.857 1$

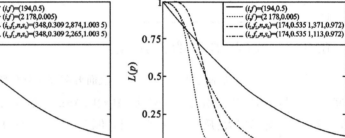

(a) (b)

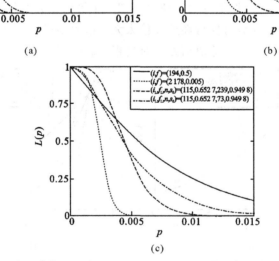

(c)

图 6-5 质量约束 AOQL = 0.001 43 和三类成本约束下 $OCSP_1 - S_{pk}$ 方案
和 CSP-1 方案的 OC 曲线比较

(a)$AFI_L = 0.666 7$;(b)$AFI_L = 0.8$;(c)$AFI_L = 0.857 1$

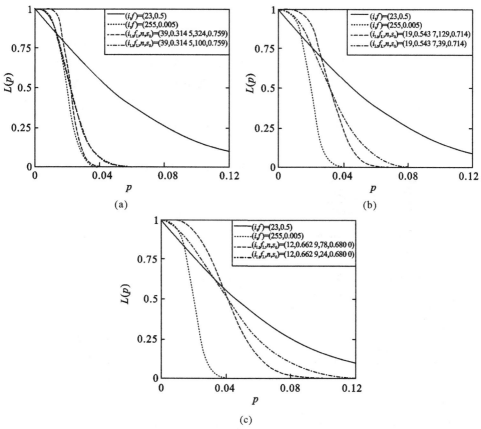

图 6 - 6 质量约束 AOQL = 0.012 2 和三类成本约束下 $OCSP_1 - S_{pk}$ 方案
和 CSP - 1 方案的 OC 曲线比较

(a)$AFI_L = 0.666\ 7$;(b)$AFI_L = 0.8$;(c)$AFI_L = 0.857\ 1$

6.4 应 用 实 例

压缩机是空调的核心部件,气缸是压缩机泵体的关键功能部件,气缸厚度是确保压缩机性能的关键尺寸。气缸厚度被设计为(27.784 ± 0.002)mm,加工过程质量控制需求($AOQL = 0.000\ 18$)。目前的过程质量控制方案采用 CSP - 1 的$(i,f) = (1\ 540,0.5)$。拟采用 CSP - 1 和S_{pk}集成过程控制方案进行过程质量控制。根据成本约束,生产能够承担的检验数极限 $AFI_L = 0.857\ 1$。风险控制参数设定为$\alpha = 0.05$ 和 $\beta = 0.05$。由 4 个约束变量 $AOQL = 0.000\ 18(S_{AOQL} = 1.075\ 0),\alpha =$

0.05 和 $\beta = 0.05$,查表 6-2 得到集成控制方案 $(i_L, f_L, n, s_0) = (925, 0.651\,5, 242, 1.155\,3)$。集成控制方案下,高于质量需求的过程 $\hat{p} < 0.000\,18$($\hat{S}_{pk} > 1.248\,5$)),在方案运行时,被接收的概率将大于 $1-\alpha = 0.95$;低质量过程($p_{IQL} > 0.001\,26$($S_{IQL} < 1.075\,0$)),被拒收的概率将大于 $1-\beta = 0.95$。242 个检验数据被记录在表 6-5,在执行检验方案 $(i_L, f_L) = (925, 0.651\,5)$ 的过程中。图 6-7(a) 为 242 个数据的正态概率图。图 6-7(b) 为 242 个数据的正态分布模拟图。从图 6-7(a)(b) 可以看出,该过程近似服从正态分布,可视为正态过程。

表 6-5　242 个气缸厚度精磨数据　　　　　　　　　　单位:mm

27.783 4	27.784 4	27.783 9	27.783 4	27.784 4	27.783 8	27.785 1	27.784 5	27.783 6	27.784	27.784 2
27.783 4	27.784 2	27.783 6	27.783 2	27.784 6	27.785	27.784 1	27.785 0	27.783 7	27.784 4	27.784 0
27.784 4	27.784 4	27.783 5	27.783 4	27.783 9	27.785 2	27.784 5	27.784 8	27.783 6	27.784 1	27.784 8
27.784 4	27.784 9	27.783 5	27.783 6	27.783 8	27.784 6	27.785	27.784 6	27.784 1	27.784 5	27.785 4
27.784 9	27.784 4	27.783 7	27.783 4	27.784 6	27.784 7	27.784 4	27.785 2	27.784 4	27.784 1	27.784 5
27.784 4	27.784 1	27.783 8	27.783 0	27.784 0	27.784 4	27.784 4	27.784 4	27.783 9	27.784 4	27.784 3
27.784 7	27.784 4	27.784 4	27.783	27.784 2	27.784 5	27.784 0	27.785 2	27.783 7	27.784 3	27.784 9
27.784 9	27.783 5	27.784 6	27.783 4	27.783 9	27.784 9	27.783 9	27.784 1	27.784 4	27.783 5	27.784 5
27.784 9	27.783 6	27.783 4	27.784 4	27.784	27.784 6	27.783 7	27.784 4	27.784	27.784 2	27.784 6
27.783 6	27.783 0	27.784 2	27.784 5	27.784	27.784 7	27.784	27.784 6	27.784 4	27.784 2	27.784 8
27.784 7	27.784 6	27.783 1	27.784 1	27.784 4	27.785 1	27.783 6	27.785	27.784 4	27.784 2	27.784 9
27.784 6	27.783 6	27.783 2	27.784 2	27.784 3	27.784 6	27.783 6	27.785 0	27.784 4	27.783 4	27.784 3
27.784 9	27.783 6	27.783 4	27.783 8	27.784 5	27.784 5	27.783 8	27.785 1	27.784	27.783 4	27.784 0
27.784 4	27.783 9	27.783 2	27.784 1	27.784 7	27.784 4	27.784 1	27.784 6	27.784	27.783 4	27.784 0
27.784 6	27.784 1	27.782 9	27.784 2	27.784 4	27.784 4	27.784 4	27.784 5	27.784 5	27.783 4	27.783 7
27.784 2	27.783 7	27.783 5	27.784 2	27.784 6	27.785 2	27.784 4	27.784 2	27.784	27.783 5	27.784 4
27.784 9	27.783 9	27.783 2	27.784	27.784 7	27.784 4	27.784 1	27.784 6	27.784	27.783 5	27.784 1
27.784 4	27.783 8	27.783 4	27.784 1	27.784 4	27.784 6	27.784 8	27.785 1	27.784	27.784 7	27.784 3
27.784 4	27.783 4	27.783 3	27.784 1	27.784 4	27.784 4	27.784 1	27.784 7	27.784 3	27.784	27.784 4
27.784 2	27.784 1	27.784 4	27.784 3	27.784 4	27.783 7	27.784 2	27.784	27.783 9	27.784 4	27.785 1
27.783 6	27.783 6	27.783 6	27.784 2	27.784 6	27.784 5	27.784 5	27.784 2	27.784	27.784 4	27.784 3
27.784 6	27.784 0	27.784 5	27.784 2	27.783 8	27.783 6	27.783 6	27.783 6	27.783 6	27.783 6	27.783 7

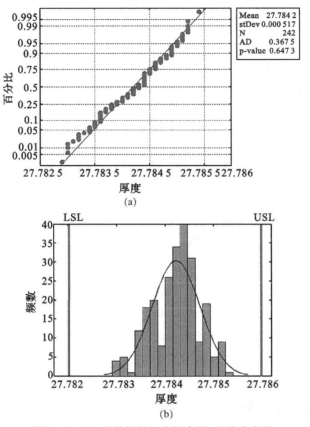

图 6 - 7　242 个数据的正态概率图,柱状分布图

用 242 个数据计算以下参数: $\bar{x} = 27.784\,2$, $s = 0.005\,17$, $\hat{S}_{pk} = 1.214\,4$。显然, $\hat{S}_{pk} = 1.214\,4 > S_0 = 1.155\,3$。表 6 - 6 给出了集成控制方案与 CSP - 1 方案的三类性能参数的比较。比较显示集成控制方案的 AFI 比 CSP - 1 方案提高了 0.103\,172,AOQ 降低了 0.000\,028,接收概率提高 0.062\,855。另外,集成控制方案具有 CSP - 1 不具备的优异控制属性:实时监测过程质量,充分利用检验数据的计数和计量特征,同时满足质量、成本、第一类风险和第二类风险共四类约束,能及时终止恶化的生产过程等。

表 6 - 6　两类方案性能指标 AFI,AOQ 和 $L(p)$ 的对比

	$(i, f) = (1\,540, 0.5)$	$(i_L, f_L, n, s_0) = (925, 0.651\,5, 242, 1.155\,3)$
AOQ	0.602\,509	0.705\,681
AFI	0.000\,107	0.000\,079
$L(p)$	0.794\,982	0.857\,837

第7章　结论与展望

7.1　主要研究结论

针对连续抽样检验对受控过程控制的不适应性，提出了两个思路对连续抽样检验进行改善：① 在将过程合格品率估计视为常数的前提下，建立了最优连续抽样检验方案。② 针对有限检验能力的情况，建立了连续抽样检验和过程良率指数集成过程控制方案。本书主要研究结论包括下列 5 项：

（1）有效工作区间是 CSP 的启动和终止区间，区间的左端点启动 CSP 方案，右端点终止 CSP 方案。只有过程能力处于有效工作区间的受控过程，才需要运行 CSP 进行过程质量控制。区间端点是将过程能力和过程质量控制需求进行比较而得到的。

过程不合格品率估计值低于 AOQL 的受控过程，不必执行 CSP；高于 10AOQL 的受控过程，检验接近全检，终止生产。只有过程不合格品率估计值大于 AOQL 且小于 10AOQL 的受控过程，需要执行 CSP 进行过程质量改善。

（2）CSP 最优边界方案，建立在将受控过程的过程能力视为常数的基础之上，将过程状态和方案参数一一对应，克服了依据生产批量选择检验方案的缺陷，实现了过程质量量化控制。该方案的优异属性主要包括：① 方案参数由受控过程的能力水平和过程质量控制需求唯一确定；② 方案参数与过程能力水平、过程质量控制需求是一一对应关系；③ 用最小的检验工作量满足质量控制需求；④ 方案参数可随过程波动进行动态调整；⑤ 实现了对过程质量的量化控制。

CSP 最优边界方案的优异属性，使其克服了传统 CSP 方案不能实时监控过程状态的缺陷，利用抽样所得样本数据的计量特征，实时计算过程能力、监测过程质量并根据过程状态波动调整 CSP 方案参数。同时，CSP 最优边界方案以最小检验数满足质量控制需求。

将受控过程的过程合格品率视为常数，以此为基础优化 CSP 方案，是对传统 CSP 优化思路的创新。基于过程合格品率估计的 CSP 最优边界方案的建立，以及最优边界方案参数求解恒等式的建立，是优化思路取得成功的标志。CSP 最优边界方案的优异控制属性，为过程控制工具和方法的集成奠定了基础，使其成为过程控制工具集成的出发点。

（3）根据长期平均检验数的含义，结合成本控制的内涵和目标，将成本约束转化为长期平均检验数极限，认识到长期平均检验数极限代表了生产过程的检验能力极限，发现成本约束下的极限过程。长期平均检验数和成本约束之间转化关系的建立，是成功集成 CSP-1 和 S_{pk} 的前提条件。

（4）质量控制方案运行时形成的第一类和第二类风险，本质是对过程状态误判的风险。CSP 运行时的两类风险都很高。将判断过程状态的任务从 CSP-1 方案中独立出来，由风险控制方案专门控制两类风险。风险控制方案实现了对两类风险的量化控制，有效克服了 CSP 过程状态判断滞后的缺陷。

（5）集成控制方案用极限过程下的 CSP 等值面方案进行过程质量控制，保障过程质量需求。用基于过程良率指数估计量精确分布的过程控制方案，以可控的两类风险在满足质量和成本约束的前提下，终止过程控制方案运行。用数据的计数特征驱动质量控制方案运行，用数据的计量特征驱动基于过程良率指数的过程控制方案运行，充分利用数据的计数和计量信息展现过程状态，实施过程控制。

7.2　创　新　点

本书创新点主要包括以下 4 项：

（1）提出了考虑过程能力变化的 CSP 动态优化思想。考虑过程能力的动态连续抽样检验方案，通过对连续抽样检验方案参数的动态优化，可实现过程控制的自适应调整。在满足过程控制质量需求的前提下，可改善过程控制的经济性，降低过程控制的第一类和第二类风险。

（2）建立了 CSP 运行的有效工作区间。针对所有 CSP 方案，建立了 CSP 运行的有效工作区间，提供了抽样检验启动和终止条件。

（3）建立了基于过程合格品率估计的最优边界方案参数求解模型。针对单水平、多水平、加严水平和放宽水平条件下的连续抽样检验方案，建立了基于过程合格品率估计的最优边界参数求解模型。性能分析和应用研究结果均表明：在过程能力波动的情况下，最优 CSP 边界方案能够获得一致的过程质量，并能够满足过程控制对质量、成本和风险的控制需求。

（4）提出基于过程良率指数估计的集成过程控制方案。基于过程良率指数估计 S_{pk} 的过程控制方案，能够同时控制 α, β 两类风险，从而满足质量和成本约束下过程状态判断的风险控制需求，弥补了 CSP-1 质量控制方案两类风险都很高且不能同时得到控制的缺陷。

将过程状态判断风险从 CSP 方案中独立出来，是对风险控制方法的创新。基于过程良率指数的风险控制方案实现了两类风险的同时控制和量化控制，是对过程风险控制效果的改善。利用 CSP 方案样本数据的计量信息驱动风险控制方案运行，是对数据挖掘思路的创新。

7.3　研究展望

为受控过程重新设计的两类连续抽样检验方案，仅仅是对适用于受控过程控制方案的初步探索。就目前的研究而言，仍有以下亟待解决的问题：

（1）受控过程控制四类最优连续抽样检验方案控制效果差异性的研究。差异性研究的目的是确定受控过程控制时，四类方案同时存在的必要性。可从控制效果，控制风险，方案运行成本等多个视角对比四类方案控制效果的差异。

（2）最优连续抽样检验边界方案的参数在有效工作区间边界存在无穷大现象。需要研究方案参数无穷大的原因，提出规避机制或者开发新的控制方案。

（3）CSP-1 和 S_{pk} 集成过程控制方案中的风险控制方案参数，也存在边界无穷大现象，有待进一步研究。

（4）为新提出的过程控制方案开发信息系统，将有助于过程控制方案的推广应用。非正态过程的过程控制方案的制定，亟待研究。

参 考 文 献

[1] Single and multi-level continuous sampling procedures and tables for inspection by attributes:MIL－STD－1235C[S]. Washington,DC:US Government Printing,1988.

[2] 单水平和多水平计数连续抽样检验程序及表:GB/T 8052—2002[S]. 北京:中国标准出版社,2002.

[3] 孙静,王胜先,杨穆尔. 过程能力分析[M]. 北京:清华大学出版社,2013.

[4] CASSADY C R,MAILLART L M,REHMERT I J,et al. Demonstrating Deming's kp rule using an economic model of the CSP－1[J]. Quality engineering,2000,12(3):327－334.

[5] 汪邦军. 基于数据波动理论的复杂产品制造过程质量控制方法研究[D]. 北京:北京科技大学,2016.

[6] 尹惠. 统计过程控制与维修决策集成优化模型研究[D]. 武汉:华中科技大学,2017.

[7] WU C W,LIU S W. Developing a sampling plan by variables inspection for controlling lot fraction of defectives[J]. Applied Mathematical Modelling,2014,38(9/10):2303－2310.

[8] ASLAM M,WU C W,AZAM M,et al. Mixed acceptance sampling plans for product inspection using process capability index[J]. Quality Engineering,2014,26(4):450－459.

[9] CHEN P,YE Z S. A systematic look at the gamma process capability indices[J]. European Journal of Operational Research,2018,265(2):589－597.

[10] WANG C H,TSENG M L,TAN K H,et al. Application of a mathematical programming model to solve the confidence interval of process capability index S_{pk} [J]. International Journal of Information and Management Sciences,2017,28(1):11－23.

[11] PERAKIS M,XEKALAKI E. Assessing the proportion of conformance of a process from a bayesian perspective [J]. Quality and Reliability

Engineering International,2015,31(3):381 - 387.

[12] MONTGOMERY D C. Introduction to statistical quality control[M]. 4th ed. New York:Wiley,2001.

[13] 仲建兰.两阶段串联可修系统的统计过程控制及维修策略研究[D].南京: 南京理工大学,2014.

[14] DHARMASENAL L S,ZEEPHONGSEKUL P. A new process capability index for multiple quality characteristics based on principal components [J]. International Journal of Production Research,2016,54(15):1 - 17.

[15] LIEBERMAN G J,RESNIKOFF G J. Sampling plans for inspection by variables[J]. Publications of the American Statistical Association,1955, 50:457 - 516.

[16] FOLKS J L,PIERCE D,STEWART C. Estimating the fraction of acceptable product[J]. Technometrics,1965,7(1):43 - 50.

[17] WHEELER D J. The variance of an estimator in variables sampling[J]. Technometrics,1970,12(4):751 - 755.

[18] WANG C M,LAM C T. Confidence limits for proportion of conformance[J]. Journal of Quality Technology,1996,28 (4):439 - 445.

[19] OWEN D B,HUA T A. Tables of confidence limits on the tail area of the normal distribution [J]. Communications in Statistics-Simulation and Computation,1977,6(3):285 - 311.

[20] CHOU Y M,OWEN D B. One-sided confidence regions on the upper and lower tail areas of the normal distribution[J]. Journal of Quality Technology,1984,16(3):150 - 158.

[21] WANG C M. Approximate confidence intervals on positive linear combinations of expected mean squares[J]. Communications in Statistics-Simulation and Computation,1991,20(1):81 - 96.

[22] PERAKIS M,XEKALAKI E. On an improvement in confidence limits for proportion of conformance[R]. Athens:Athens University of Economics and Business,2001.

[23] CHEN C L,OU S L,LIAO C T. Interval estimation for conformance proportions of multiple quality characteristics[J]. Journal of Applied Statistics,2015,42(8):1829 - 1841.

[24] LEE H I,LIAO C T. Unilateral conformance proportions in balanced and unbalanced normal random effects models[J]. Journal of Agricultural, Biological,and Environmental Statistics,2014,19(2):202 - 218.

[25] BOYLES R A. Process capability with asymmetric tolerances[J]. Communications in Statistics-Simulation and Computation,1994,23(3):615 - 635.

[26] WU C W,LIAO M Y. Estimating and testing process yield with imprecise data[J]. Expert systems with applications,2009,36(8):11006 - 11012.

[27] WANG F K,TAMIRAT Y. Process yield analysis for autocorrelation between linear profiles[J]. Computers & Industrial Engineering,2014,71: 50 - 56.

[28] WANG F K. Process yield for multiple stream processes with individual observations and subsamples[J]. Quality and Reliability Engineering International,2016,32(2):335 - 344.

[29] WANG F K,GUO Y C. Measuring process yield for nonlinear profiles[J]. Quality and Reliability Engineering International,2014,30(8):1333 - 1339.

[30] LIN C,PEAM W L. Process selection for higher production yield based on capability index S_{pk}[J]. Quality & Reliability Engineering International, 2010,26(3):247 - 258.

[31] PEAM W L, WU C H. Supplier selection critical decision values for processes with multiple independent Lines[J]. Quality & Reliability Engineering International,2013,29(6):899 - 909.

[32] LIU S W,LIN S W,WU C W. A resubmitted sampling scheme by variables inspection for controlling lot fraction nonconforming[J]. International Journal of Production Research,2014,52(12):3744 - 3754.

[33] WANG F K, TAMIRAT Y. Lower confidence bound for process - yield index Spk with autocorrelated process data[J]. Quality Technology & Quantitative Management,2015,12(2):253 - 267.

[34] CHEN J P. Comparing four lower confidence limits for process yield index S_{pk}[J]. International Journal of Advanced Manufacturing Technology, 2005,26:609 - 614.

[35] DEY S,SAHA M,MAITI S S,et al. Bootstrap Confidence Intervals of Generalized Process Capability Index Cpyk for Lindley and Power Lindley

Distributions[J]. Communications in Statistics: Simulation and Computation, 2018, 47(1): 249 - 262.

[36] CHEN K S, HUANG C F, CHANG T C. A mathematical programming model for constructing the confidence interval of process capability index Cpm in evaluating process performance: an example of five-way pipe[J]. Journal of the Chinese Institute of Engineers, 2017, 40(2): 126 - 133.

[37] CHEN K S, WANG K J, CHANG T C. A novel approach to deriving the lower confidence limit of indices C_{pu}, C_{pl}, and C_{pk} in assessing process capability[J]. International Journal of Production Research, 2018, 55(17): 1 - 19.

[38] CHENG P. Parametriclower confidence limits of quantile-based process capability indices[J]. Quality Technology & Quantitative Management, 2010, 7(3): 199 - 214.

[39] PEARN W L, LIN P C. Testing process performance based on the capability index C_{pk} with critical values[J]. Computers and Industrial Engineering, 2004, 47: 351 - 369.

[40] CHANG Y C. Interval estimation of capability index Cpmk for manufacturing processes with asymmetric tolerances[J]. Computers & Industrial Engineering, 2009, 56(1): 312 - 322.

[41] PERAKIS M. Estimation of differences between process capability indices C_{pm} or C_{pmk} for two processes[J]. Journal of Statistical Computation and Simulation, 2010, 80(3): 315 - 334.

[42] LEE J C, HUNG H N, PEARN W L, et al. On the distribution of the estimated process yield index S_{pk}[J]. Quality and Reliability Engineering International, 2002, 18(2): 111 - 116.

[43] PEARN W L, CHENG Y A C. Estimating process yield based on S_{pk} for multiple samples[J]. International journal of production research, 2007, 45(1): 49 - 64.

[44] WANG F K. Measuring the process yield for circular profiles[J]. Quality and Reliability Engineering International, 2015, 31(4): 579 - 588.

[45] DHARMASENA L S, ZEEPHONGSEKUL P. Univariate and multivariate process yield indices based on location-scale family of distributions[J]. Interna-

tional Journal of Production Research,2014,52(11):3348 – 3365.

[46] CHOU Y M,OWEN D B. On the distributions of the estimated process capability indices[J]. Communications in Statistics-Theory and Methods 1989,18(2):4549 – 4560.

[47] PEARN W L,WU C W. Critical acceptance values and sample sizes of a variables sampling plan for very low fraction of defectives[J]. Omega, 2006,34(1):90 – 101.

[48] PEARN W L,CHEN K S,LIN P C. The probability density function of the estimated process capability index C_{pk}[J]. Far East Journal of Theoretical Statistics,1999,3(1):67 – 80.

[49] WU C W,ASLAM M,JUN C H. Variables sampling inspection scheme for resubmitted lots based on the process capability index C_{pk}[J]. European Journal of Operational Research,2012,217(3):560 – 566.

[50] PEARN W L,LIN E C. Computer program for calculating the p-value in testing process capability index C_{pmk}. Quality and Reliability Engineering International[J],2002,18(4):333 – 342.

[51] WU C W,SHU M H,NUGROHO A A,et al. A flexible process-capability-qualified resubmission-allowed acceptance sampling scheme[J]. Computers & asd Industrial Engineering,2015,80:62 – 71.

[52] LIN P C,PEARN W L. Testing manufacturing performance based on capability index C_{pm}. International Journal of Advanced Manufacturing Technology,2005,27:351 – 358.

[53] WU C W. An efficient inspection scheme for variables based on Taguchi capability index[J]. European Journal of Operational Research,2012,223 (1):116 – 122.

[54] DODGE H F. A sampling inspection plan for continuous production[J]. Annals of Mathematical Statistics,1943,14(3):264 – 279.

[55] DOD preferred methods for acceptance of product:MIL – STD – 1916[S], 1996.

[56] WALD A, WOLFOWITZ J. Sampling inspection plans for continuous production which insure a prescribed limit on the outgoing quality[J]. Annals of Mathematical Statistics,1945,16(1):30 – 49.

[57] SANGHVI B I. A new continuous sampling plan with a quadratic loss function and without 100% inspection at any stage[J]. Journal of the Indian Statistical Association, 1968:19 - 30.

[58] WANG R C, CHANG S L. The design of a continuous sampling plan under the conditioned inspection capacity[J]. Engineering Costs & Production Economics, 1989, 16(4):269 - 279.

[59] SAVAGE I R. A production model and continuous sampling plan[J]. Journal of the American Statistical Association, 1959, 54:231 - 247.

[60] READ D R, BEATTIE D W. The variable lot - size acceptance sampling plan for continuous production[J]. Journal of the Royal Statistical Society, 1961, 10(3):147 - 156.

[61] HILLIER F S. Continuous sampling plans under destructive testing[J]. Publications of the American Statistical Association, 1964, 59:376 - 401.

[62] KUMAR V S S. Note on MIL - STD - 1235 (ORD) continuous sampling procedures for markov-dependent processes[J]. Defence Science Journal, 1983, 33(4):309 - 316.

[63] CONNLLY C. A sequential approach to continuous sampling [J]. Quality Engineering, 1991, 3(4):529 - 535.

[64] KUMAR V S S, VASANTHA P. Continuous inspection of Markov processes with a clearance interval[J]. Journal of Applied Statistics, 1995, 22(3):427 - 432.

[65] HILLIER F. New criteria for selecting continuous sampling plans[J]. Technometrics, 1964, 6(2):161 - 178.

[66] WHITE L S. The evaluation of H 106 continuous sampling plans under the assumption of worst conditions[J]. Journal of the American Statistical Association, 1966, 61:833 - 841.

[67] HULL R H. Some AOQ and AFI values for the Dodge and Torrey CSP - 3 continuous sampling plan[J]. Molecular Crystals, 1967, 49(6):179 - 185.

[68] ELLIFF G A, FOSTER J. A note on calculation of the average fraction inspected for a continuous sampling plan[J]. International Journal of Production Research, 1975, 13(4):423 - 425.

[69] SHAHANI A K. Wald-Wolfowitz type sampling plans for continuous

production[J]. Technometrics,1979,21(1):21 – 31.

[70] WHITE L S. Markovian decision models for the evaluation of a large class of continuous sampling inspection plans[J]. Annals of Mathematical Statistics,1965,36(5):1408 – 1420.

[71] KUMAR V S S. A tightened *m*-level continuous sampling plan for Markov-dependent production processes[J]. IIE Transactions,1984, 16(3):257 – 261.

[72] TSAI T R. A modified short-run type Ⅱ continuous sampling plan[J]. Quality and Reliability Engineering International,2002,18(2):155 – 161.

[73] BALAMURALI S,JUN C H. Modified CSP – T sampling procedures for continuous production processes[J]. Quality Technology & Quantitative Management,2004,1(2):175 – 188.

[74] GUAYJAREMPANISHK P,MAYUREESAWAN T. The design of two-level continuous sampling plan MCSP – 2 – C[J]. Journal of Applied Mathematical Sciences,2012,6(90):4483 – 4495.

[75] DECROUEZ G,ROBINSON A. Bias-corrected estimation in continuous sampling plans[J]. Risk Analysis,2018,38(1):177 – 193.

[76] JUN C H,BALAMURALI S,KALYANSUNDARAM M. Evaluation and design of two level continuous sampling plans[J]. Tamkang Journal of Science and Engineering,2006,9(4):409 – 417.

[77] CORREA R B,PATERNINA-AAROLEDA C D,RIOS D G R. Bayesian models and stochastic processes applied to CSP sampling plans for quality control in production in series and by lots[C]//Winter Simulation Conference. [S. l]:[s. n.],2009:2995 – 2999.

[78] YANG G L. A renewal-process approach to continuous sampling plans [J]. Technometrics,1983,25(1):59 – 67.

[79] YANG G L. Application of renewal theory to continuous sampling plans [J]. Naval Research Logistics Quarterly,1985,32(1):45 – 51.

[80] 范永亮.转移概率流图的概率理论基础与应用方法(Ⅰ):转移概率函数的基本概念与性质.[J].数理统计与管理,1998,11(1):45 – 51.

[81] 范永亮.转移概率流图的概率理论基础与应用方法(Ⅱ):转移概率流图及其分解与浓缩[J].数理统计与管理,1998,17(2):53 – 59.

［82］ 范永亮.转移概率流图的概率理论基础与应用方法（Ⅲ）：变量分离方法的依据及应用［J］.数理统计与管理，1998，17（3）：55 - 60.

［83］ 郝明辉，范永亮.MIL - STD - 1916 中连续抽样方案的流向图方法［J］.数理统计与管理，2004，24（6）：70 - 74.

［84］ DERMAN C，LITTAUER S，SOLOMON H. Tightened multi-level continuous sampling plans［J］. The Annals of Mathematical Statistics，1957，28（2）：395 - 404.

［85］ GOVINDARAJU K，BALAMURALI S. Tightened single-level continuous sampling plan［J］. Journal of Applied Statistics，1998，25（4）：451 - 461.

［86］ BALAMURALI S，SUBRAMANI K. Modified CSP - C continuous sampling plan for consumer protection［J］. Journal of Applied Statistics，2004，31（4）：481 - 494.

［87］ GGAYJARERNPANISHK P，MAYUREESAWAN T. The modified MCSP - C continuous sampling plan［J］. International Journal of Pure and Applied Mathematics，2012，80（2）：225 - 237.

［88］ LIEBERMAN G J，SOLOMON H. Multi - level continuous sampling plans［J］. The Annals of Mathematical Statistics，1955：686 - 704.

［89］ BALAMURALI S，KALYANASUNDARAM M，JUN C H. Generalized CSP -（C1，C2） sampling plan for continuous production processes［J］. International Journal of Reliability，Quality and Safety Engineering，2005，12（02）：75 - 93.

［90］ SACKROWITZ H. Alternative multi - level continuous sampling plans［J］. Technometrics，1972，14（3）：645 - 652.

［91］ BALAMURALI S，GOVINDARAJU K. Modified tightened two-level continuous sampling plans［J］. Journal of Applied Statistics，2000，27（4）：397 - 409.

［92］ GOVINDARAJU K，KANDASAMY C. Design of generalized CSP - C continuous sampling plan［J］. Journal of Applied Statistics，2000，27（7）：829 - 841.

［93］ KLUFA J. Dodge-Roming AOQL plans for inspection by variables from numerical point of view［J］. Statistical Papers，2008，49（1）：1 - 13.

［94］ RADHAKRISHNAN R，JENITHA K E. Selection of mixed sampling plan indexed through AOQcc with conditional double sampling plan as attribute plan[J]. International Journal of Engineering and Innovative Technology,2012,2(1):311 – 315.

[95] KUMAR R S,SUMITHRA S,Radhakrishnan R. Selection of mixed sampling plan with CSP1 (C = 2) plan as attribute plan indexed through MAPD and MAAOQ[J]. International Journal of Scientific & Engineering Research,2012,3(1):1 – 5.

[96] MALLIESWARI R A. Designing procedure for beattie continuous sampling plan [J]. Internation Journal of Scientific Research,2015,4(7):161 – 163.

[97] NIRMALA V,SURESH K K. Construction and selection of continuous sampling plan of type (CSP – T) indexed through maximum allowable average outgoing quality[J]. Journal of Statistics and Management Systems, 2017,20(3):441 – 457.

[98] BOURKE P D. A continuous sampling plan using CUSUMs[J]. Journal of Applied Statistics,2002,29(8):1121 – 1133.

[99] BOURKE P D. A continuous sampling plan using sums of conforming run-lengths[J]. Quality & Reliability Engineering International,2003,19 (1):53 – 66.

[100] ELEFTHERIOU M,FARMAKIS N. A continuous sampling plan based on EWMA Control Chart Rules[J]. Quality Technology & Quantitative Management,2016,13(1):16 – 28.

[101] MAYUREESAWAN T,AYUDTHAYA P S N. A CSP – 1 – 2L sampling plan for inspection of two continuous production lines[J]. Journal of Research in Engineering and Technology,2005,2(4):303 – 320.

[102] CHEN C H,CHOU C Y. Economic design of short-run CSP – 1 plan under linear inspection cost[J]. Tamkang Journal of Science and Engineering,2006,9(1):19 – 23.

[103] SURESH K K, NIRMALV. Construction and selection of continuous sampling plan (CSP – 1) through quality decision regions[J]. International Journal of Innovative Research and Studies,2015,4(3):106 – 121.

[104] VISWANATHAN S. Continuous sampling plan in preventing defects with risk evaluation in production and sales system[J]. International

Journal of Computer Applications,2015,109(2):32 – 37.

[105] CASE K E,BENNETT G K,SCHMIDT J W. The Dodge CSP – 1 continuous sampling plan under inspection error[J]. AIIE Transactions, 1973,5(3):193 – 202.

[106] KLUFA J. Dodge-Romig AOQL single sampling plans for inspection by variables[J]. Statistical Papers,1997,38(1):111 – 119.

[107] SHANKAR G,MOHAPATRA B N. GERT analysis of Dodge's CSP – 1 continuous sampling plan[J]. Sankhyā:The Indian Journal of Statistics, Series B,1994:468 – 478.

[108] GHOSH D T. An optimum continuous sampling plan CSP – 2 with $k \neq i$ to minimise the amount of inspection when incoming quality p follows a distribution[J]. Sankhyā:The Indian Journal of Statistics, Series B (1960 – 2002),1996,58(1):105 – 117.

[109] VEERAKUMARI KP, RESMI R. Designing optimum plan parameters for continuous sampling plan of type (CSP – 2) through GERT analysis[J]. Journal of Statistics & Management Systems,2016,19(2):303 – 311.

[110] VEERAKUMARI KP, RESMI R. Evaluation of continuous sampling plan (CSP – 5) parameters using GERT technique and MATLAB[J]. Journal of Applied Mathematics,Statistics and Informatics,2017,13(2): 63 – 75.

[111] WANG R C,CHEN C H. Minimum AFI for CSP – 2 plan under inspection error[J]. Computers & industrial engineering,1994,26(4):775 – 785.

[112] CHEN C H,CHENG T S,CHOU C Y. Minimum average fraction inspected for TCSP – 1 plan[J]. Journal of Applied Statistics,2001,28(7): 793 – 799.

[113] CHEN C H,CHOU C Y,CHENG T S. Joint design of continuous sampling plans and specification limits[J]. The International Journal of Advanced Manufacturing Technology,2003,21(4):235 – 237.

[114] CHEN C H. Minimum average fraction inspected for modified tightened two-level continuous sampling plans[J]. Tamkang Journal of Science and Engineering,2004,7(1):37 – 40.

[115] CHEN C H,LAI M T. Minimum average fraction inspected for CSP – M plan

[J]. Journal of Applied Science and Engineering,2006,9(2):151 – 154.

[116] WIEL S A V,VARDEMAN S B. A discussion of all-or-none inspection policies[J]. Technometrics,1994,36(1):102 – 109.

[117] SHEE A K,CASSADY C R. Assessing the economic performance of continuous sampling plans[J]. Quality Technology & Quantitative Management,2006,3(1):45 – 54.

[118] LIN T Y,YU H F. An optimal policy for CSP – 1 with inspection errors and return cost[J]. Journal of the Chinese Institute of Industrial Engineers,2009,26(1):70 – 76.

[119] CEN C H,CHOU C Y. Economic design of continuous sampling plan under linear inspection cost[J]. Journal of applied Statistics,2002,29(7): 1003 – 1009.

[120] CHEN C H ,CHOU C Y. Economic design of CSP – 1 plan under the dependent production process and linear inspection cost[J]. Quality engineering,2003,16(2):239 – 243.

[121] YU H F,YU W C,WU W P. A mixed inspection policy for CSP – 1 and precise inspection under inspection errors and return cost[J]. Computers & Industrial Engineering,2009,57(3):652 – 659.

[122] FARMAKIS N,ELEFTHERIOU M. Continuous sampling plan under an acceptance cost of linear form[C]//Recent Advances In Stochastic Modeling And Data Analysis. [S. l]:[s. n.],2007:390 – 397.

[123] ELEFTHERIOU M,FARMAKIS N. Expected cost for continuous sampling plans [J]. Communications in Statistics: Theory and Methods, 2011,40(16):2969 – 2984.

[124] YU H F,CHANG A Y,CHANG Y C. A mixed inspection policy for CSP – 2 and precise inspection under inspection errors and return cost [J]. Journal of the Chinese Institute of Industrial Engineers, 2010, 27 (4):304 – 315.

[125] PENG C Y,KHASAWNEH M T. A Markovian approach to determining optimum process means with inspection sampling plan in serial production systems[J]. The International Journal of Advanced Manufacturing Technology,2014,72(9/10/11/12):1299 – 1323.

[126] YU H F, YU M S. A note on a mixed inspection policy for CSP – T and precise inspection under inspection errors and return cost[J]. Journal of Industrial and Production Engineering,2016,33(1):51 – 59.

[127] WANG R C,CHEN C H. The design of CSP – 2 under the conditioned inspection capacity[J]. International Journal of Quality & Reliability Management,1993,10(3),43 – 60.

[128] BEBBINGTON M,LAI C D,GOVINDARAJU K. Continuous sampling plans for Markov-dependent production processes under limited inspection capacity[J]. Mathematical and Computer Modelling,2003,38:1137 – 1145.

[129] BOUSLAH B,GHARBI A,PELLERIN R. Joint economic design of production,continuous sampling inspection and preventive maintenance of a deteriorating production system[J]. International Journal of Production Economics,2016,173:184 – 198.

[130] BOUSLAH B,GHARBI A,PELLERIN R. Integrated production,sampling quality control and maintenance of deteriorating production systems with AOQL constraint[J]. Omega,2016,61(4):110 – 126.

[131] CAO Y X,SUBRAMANIAM V. Improving the performance of manufacturing systems with continuous sampling plans[J]. IIE Transactions,2013,45(6):575 – 590.

[132] 盛骤,谢式千,潘承毅. 概率论与数理统计[M]. 北京:高等教育出版社,2018.

[133] PERAKIS M,XEKALAKI E. On the relationship between process capability indices and the proportion of conformance[J]. Quality Technology and Quantitative Management,2016,13(2):1 – 14.

[134] KOTZ S,JOHNSON N L. Process capability indices:a review,1992 – 2000[J]. Journal of Quality Technology,2002,34(1):2 – 19.

[135] MOOD A M,GRAYBILL F A,BOES D C. Introduction to the Theory of Statistics[M]. New York:McGraw-Hill. 1974.

[136] JOHNSON N L,KOTZ S. Continuous Univariate Distributions – 1[M]. New York:John Wiley & Sons,1970.

[137] LI C Z,TONG SR,WANG K Q. A new systematic method for selecting

continuous sampling plan based on the boundary feasible plan for in-control process[C]// International Conference on Management Science Engineering. [S. l.]:[s. n.],2017:269 - 272.

[138] LI C Z,TONG S R,WANG K Q. Optimal scheme for process quality and cost control by integrating a continuous sampling plan and the process yield index Discrete Dynamics in Nature and Society,2018.

[139] LI C Z,TONG S R,WANG K Q,ZHANG X W. Optimal CSP - 1 boundary scheme based on the estimator of the proportion of conformance for specified in control process[J]. Quality Technology and Quantitative Management,2020,17(1):32 - 51.

[140] 同淑荣,李春芝. 正态过程下满足多重约束的 CSP - 2 和 S_{pk} 集成过程控制方案[J]. 系统工程理论与实践,2020,40(4):1080 - 1088.

[141] 李春芝,同淑荣,王克勤. 稳态过程下 CSP - 2 检验方案的重新设计[J]. 计算机集成制造系统,2019,25(10):2587 - 2598.

[142] 李春芝,同淑荣,王克勤. 正态过程质量控制 CSPV 检验方案的重新设计[J]工业工程与管理. 2019,24(3):1 - 11.

[143] 李春芝,同淑荣,王克勤. 面向稳态过程的基于合格品率估计的最优 CSP - T 边界方案[J].制造业自动化,2019,41(2):5 - 10,18.

[144] 李春芝,甘卫华,鄢伟安. 风险量化控制下的 CSPV 和 S_{pk} 集成过程控制方案[J]. 工业工程与管理,2020,25(5):23 - 32.

[145] 李春芝,甘卫华,鄢伟安. 质量和成本约束下 CSP - T 和 S_{pk} 集成过程控制方案[J]. 工业工程,2020,23(3):154 - 163.